高等院校电子信息与电气学科特色教材

控制工程数学基础
（第2版）

马　洁　付兴建　主编

清华大学出版社

北京

内 容 简 介

工程数学中的傅里叶变换、拉普拉斯变换和 z 变换是控制工程领域常用的数学工具。这些内容既有内在的关联性,又与多门控制类专业课程密切相关。目前的课程设置大多是将这些内容分散到不同的课程中讲授,既相对分散,又缺乏系统性。本书以连续系统和离散系统两大模块为一条主线,首先系统地阐述连续系统的时域分析法和工程数学中各种变换域(频域、复频域)分析的数学工具——傅里叶变换和拉普拉斯变换,然后阐述离散系统的时域分析法和工程数学中变换域(z 域)分析的数学工具——z 变换法。全书内容共 6 章,每章都安排了适量的例题与习题,并考虑了例题与习题的典型性与多样性。

本书可作为自动化、智能科学技术、电气自动化等电子信息类专业低年级本科生的教材,也可供从事控制工程的教师和研究人员参考。

图书在版编目(CIP)数据

控制工程数学基础/马洁,付兴建主编.—2 版.—北京:清华大学出版社,2020.1(2025.2重印)
高等院校电子信息与电气学科特色教材
ISBN 978-7-302-53539-3

Ⅰ. ①控…　Ⅱ. ①马…　②付…　Ⅲ. ①工程数学－高等学校－教材　Ⅳ. ①TB11

中国版本图书馆 CIP 数据核字(2019)第 180075 号

责任编辑:王一玲　李　晔
封面设计:常雪影
责任校对:梁　毅
责任印制:杨　艳

出版发行:清华大学出版社
　　　　网　　　址:https://www.tup.com.cn,https://www.wqxuetang.com
　　　　地　　　址:北京清华大学学研大厦 A 座　　　　　邮　　编:100084
　　　　社 总 机:010-83470000　　　　　　　　　　　邮　　购:010-62786544
　　　　投稿与读者服务:010-62776969,c-service@tup.tsinghua.edu.cn
　　　　质量反馈:010-62772015,zhiliang@tup.tsinghua.edu.cn
　　　　课件下载:https://www.tup.com.cn,010-83470236
印 装 者:小森印刷霸州有限公司
经　　销:全国新华书店
开　　本:185mm×260mm　　印　张:12　　　　　　　字　　数:288 千字
版　　次:2010 年 6 月第 1 版　　2020 年 1 月第 2 版　　印　　次:2025 年 2 月第 6 次印刷
定　　价:49.00 元

产品编号:084943-01

随着我国高等教育逐步实现大众化以及产业结构的进一步调整,社会对人才的需求出现了层次化和多样化的变化,这反映到高等学校的定位与教学要求中,必然带来教学内容的差异化和教学方式的多样性。而电子信息与电气学科作为当今发展最快的学科之一,突出办学特色,培养有竞争力、有适应性的人才是很多高等院校的迫切任务。高等教育如何不断适应现代电子信息与电气技术的发展,培养合格的电子信息与电气学科人才,已成为教育改革中的热点问题之一。

目前我国电类学科高等教育的教学中仍然存在很多问题,例如在课程设置和教学实践中,学科分立,缺乏和谐与连通;局部知识过深、过细、过难,缺乏整体性、前沿性和发展性;教学内容与学生的背景知识相比显得过于陈旧;教学与实践环节脱节,知识型教学多于研究型教学,所培养的电子信息与电气学科人才还不能很好地满足社会的需求等等。为了适应 21 世纪人才培养的需要,很多高校在电子信息与电气学科特色专业和课程建设方面都做了大量工作,包括国家级、省级、校级精品课的建设等,充分体现了各个高校重点专业的特色,也同时体现了地域差异对人才培养所产生的影响,从而形成各校自身的特色。许多一线教师在多年教学与科研方面已经积累了大量的经验,将他们的成果转化为教材的形式,向全国其他院校推广,对于深化我国高等学校的教学改革是一件非常有意义的事。

为了配合全国高校培育有特色的精品课程和教材,清华大学出版社在大量调查研究的基础之上,在教育部相关教学指导委员会的指导下,决定规划、出版一套"高等院校电子信息与电气学科特色教材",本套教材将涵盖通信工程、电子信息工程、电子科学与技术、自动化、电气工程、光电信息工程、微电子学、信息安全等电子信息与电气学科,包括基础课程、专业主干课程、专业课程、实验实践类课程等多个方面。本套教材注重立体化配套,除主教材之外,还将配套教师用 CAI 课件、习题及习题解答、实验指导等辅助教学资源。

由于各地区、各学校的办学特色、培养目标和教学要求等均有所不同,所以对特色教材的理解也不尽一致,我们恳切希望大家在使用本套教材的过程中,及时给我们提出批评和改进意见,以便我们做好教材的修订改版工作,使其日趋完善。相信经过大家的共同努力,这套教材一定能成为特色鲜明、质量上乘的优秀教材,同时,我们也欢迎有丰富教学和创新实践经验的优秀教师能够加入到本丛书的编写工作中来!

清华大学出版社

高等院校电子信息与电气学科特色教材编委会

联系人:王一玲 wangyl@tup.tsinghua.edu.cn

序言

　　自动化专业最主要的主干学科是控制科学与工程,而控制科学是使用应用数学知识最多的学科之一。可以说,如果不具有深厚的数学功底,将会对自动化专业主干理论课的学习带来很大影响。另一方面,根据教育部高等院校自动化专业教学指导分委员会组织众多专家的研究结果,认为自动化专业分为研究主导型、工程研究主导型、应用技术主导型等几种类型比较合适。对于应用技术主导型自动化专业,如何做到既在基础理论方面具有足够的基础,又在专业领域的某些方向上掌握较为深入的专业知识和相关能力,是一个值得探讨的问题。

　　长久以来,除了高等数学外,自动化专业所需要的工程数学知识散见于多门课程之中,例如线性代数、复变函数理论、积分变换等。各个课程通常强调各自的理论体系,一些知识学习理解比较困难,但后续专业课程甚至专业生涯中都很少用到。因此,在精简教学课时的教改大潮中,一些学校将某些工程数学课程逐出教学计划,以腾出足够的课时让给随着信息技术迅速发展而需要开设的课程。但是,这样又给学生造成知识体系的缺失,不利于构建学生完整的知识结构。因此,如何用不多的课时,教给学生必要而足够的工程数学知识,就成为应用技术主导型自动化专业教学改革的一个值得注意的课题。

　　本书的编写就是为解决这一问题而进行的有益的尝试。编者是具有较高学术造诣的中青年博士、学者,书中的内容体现了他们坚实的数学功底和广博的专业知识。本书以控制工程所需要解决的问题为出发点,分别介绍了复变函数基础知识、微分方程、傅里叶变换、拉普拉斯变换、z变换等方面的工程数学知识。为了使自动化专业学生对工程数学的应用背景有足够的了解,单辟一章讲解控制工程导论,这对于学生站在一个较高的层面来理解工程数学的作用很有帮助。不仅如此,在相关章节中,还分别介绍了相关数学知识在滤波器、电路分析、脉冲传递函数等方面的应用。由于是从专业的角度来叙述相关应用,不仅有助于学生理解数学知识,对将来专业课程的学习也会很有裨益。书中多处介绍了一些著名数学家的简历,在相当程度上增加了本书学习的趣味性,想必会受到广大学生的欢迎。

　　希望本书的出版有助于提高我国应用技术主导型自动化专业工程数学的教学质量。

刘小河　教授

教育部高等院校自动化专业教学指导分委员会委员

2009 年 11 月

维纳创立了"控制论",钱学森创立了"工程控制论",控制工程与数学密不可分。控制工程数学中的三大积分变换:傅里叶变换、拉普拉斯变换和 z 变换与电子信息类专业课程关系十分密切,三大积分变换不仅是电子信息类专业最常用的数学工具,还是从事科研和技术工作人员的基本功。"控制工程数学基础"课程是自动化、智能科学技术、电气自动化等电子信息类专业低年级本科生的必修课,它是一门理论性和实践性较强的工具类课程。其先修课程为高等数学,后续课程有电路分析基础、自动控制原理、现代控制理论、系统仿真、数字信号处理、计算机控制系统等,建议安排 40～48 学时。

本书从控制系统的实例出发,引出了控制工程和控制系统的一些基本概念,重点讲授内容是工程数学中的三种基本变换工具:傅里叶变换、拉普拉斯变换和 z 变换的概念及其运算法则。本书在结构安排上,以连续控制系统和离散控制系统两大模块为主线,首先,讲述了时域分析法;然后,讲述工程数学中各种变换域(频域、复频域和 z 域)分析的方法。在内容处理上,突出概念,层层展开,逐步加深,体系严密,选材丰富,浅显易懂,以介绍结论为重点,配以适当的证明,这样有助于低年级学生的理解。每一章都安排了适量的例题与习题,并考虑了例题与习题选择上的典型性与多样性。从总体上看,本书基本包括了控制类课程所需要的工程数学的基础知识,有利于为后续的专业课的学习、毕业设计、研究生课程以及工程应用实践等打下坚实的基础。

本书具有以下几个特点:

(1) 注重控制工程与数学知识体系结合的系统性与完整性。

傅里叶变换、拉普拉斯变换和 z 变换是工程实践中用来求解线性常微分方程的简便工具,同时也是建立系统在频率域数学模型-频率特性、复数域的数学模型-传递函数和 z 域的数学模型-脉冲传递函数的工程数学基础。在目前的课程体系中,傅里叶变换、拉普拉斯变换和 z 变换等内容是分别在不同学期、不同课程中讲授的,相对分散,学时又较少,这就造成学生对这些知识的掌握缺乏系统性和扎实性,在本科生毕业设计和研究生教学中明显地暴露出这方面的弱点。

(2) 注重数学概念、物理概念和工程概念的结合。

在教材编写中注重低年级本科生的实际情况,将傅里叶变换、拉普拉斯变换和 z 变换的数学定义、物理意义和工程概念结合起来,以介绍结论为重点,配以适当的证明,编写有各种典型例题与习题,强化学生应用工程数学工具的能力。

（3）本书以连续系统和离散系统两大模块为主线，全书内容可划分为三个层次：基本概念导引，核心内容以及与控制类后续课程相关的基本概念初步建立。

本书不仅体现课内知识间的内在联系，如傅里叶变换、拉普拉斯变换和 z 变换三种变换间的内在关系，还体现了多门课程间的相互联系，例如，对电路分析基础、自动控制原理、系统仿真、计算机控制系统等课程专业内容的数学工具支持。

第 1 章控制工程导论，是与控制有关的基本概念的导引；第 2 章复数与复变函数基础；第 3 章连续系统时域分析，重点阐述微分方程及其时域响应，因在数学、物理和电路等课程中也安排有这部分内容，在这里着重讲解物理概念和工程概念；第 4 章~第 6 章是核心内容，重点讲授傅里叶变换、拉普拉斯变换和 z 变换，并注重与控制类后续课程的衔接以及控制工程的基本概念的初步建立。

（4）为提高学生学习兴趣，扩大学生视野，使学生了解工程数学的发展背景，书中还对复变函数、积分变换等发展史及相关的数学家做了简要的介绍。

（5）《控制工程数学基础》于 2010 年出版，它是高等院校电子信息与电气学科特色教材，配套的《控制工程数学基础学习指导》于 2013 年出版，并获得 2014 年学校优秀教材二等奖。有效地促进了我校电子信息类专业教学质量的提高，而且被多所兄弟院校教师选用为教材或教学参考书，多次印刷，网评效果很好。经过多年的教学实践，第 2 版在保留第 1 版全部优点和特色的基础上，做了许多优化、改进和创新。

本书由马洁、付兴建主编，书中不妥及错误之处，敬请批评指正。

编　者

2019 年 5 月

控制论是从数学的一个分支上延伸与发展起来的,自从维纳发表了《控制论》,钱学森发表了《工程控制论》以来,控制工程就与数学密不可分。"控制工程数学基础"课程作为自动化、智能科学技术、电气自动化等电子信息类专业低年级本科生的必修课,是一门理论性和实践性较强的工具类课程。其先修课程为高等数学,后续课程有电路分析基础、自动控制原理、现代控制理论、控制系统仿真、数字信号处理、计算机控制系统等。本课程建议安排 40～48 学时。

本书从控制系统的实例出发,引出了控制工程和控制系统的一些基本概念,重点讲授内容是工程数学中的三种基本变换工具:傅里叶变换、拉普拉斯变换和 z 变换的概念及运算法则。本书在结构安排上,以连续控制系统和离散控制系统两大模块为一条主线,首先讲述了时域分析法,然后讲述工程数学中各种变换域(频域、复频域和 z 域)分析的方法。在内容处理上,突出概念,以介绍结论为重点,配以适当的证明,这样易于低年级学生理解。每一章都安排了适量的例题与习题,并考虑了例题与习题选择上的典型性与多样性。总体上看,本书基本包括了控制类课程所需要的工程数学的基础知识,有利于为后续专业课的学习、毕业设计、研究生课程以及工程应用实践等打下坚实的基础。

傅里叶变换、拉普拉斯变换和 z 变换是工程实践中用来求解线性常微分方程的简便工具,同时也是建立系统的频率域数学模型——频率特性、复数域数学模型——传递函数和 z 域数学模型——脉冲传递函数的工程数学基础。这些工程数学的运算能力是自动化及相关专业从事科研和技术工作的基本功,而在目前的课程体系中,傅里叶变换、拉普拉斯变换和 z 变换等内容是分别在不同学期、不同课程中讲授的,相对分散,学时又较少,这样就造成学生对这些知识的掌握缺乏系统性和扎实性,在本科生毕业设计和研究生教学中明显暴露出这方面的弱点。

本书的重点内容是工程数学中三种基本变换:傅里叶变换、拉普拉斯变换和 z 变换。在教材的编写中注重低年级本科生的实际情况,注重傅里叶变换、拉普拉斯变换和 z 变换的数学定义、物理意义和工程概念三结合,以介绍结论为重点,配以适当的证明,编写有各种典型例题与习题,强化学生应用工程数学工具的能力。

本书以连续系统和离散系统两大模块为一条主线,全书内容可划分为三个层次:基本概念导引、核心内容以及与控制类后续课程相关基本概念的初步建立。

本书不仅体现课内知识间的内在联系,如傅里叶变换、拉普拉斯变

换和 z 变换三种变换间的内在关系,还体现了多门课程间的相互联系,例如提供了对电路分析基础、自动控制原理、控制系统仿真、计算机控制系统等课程专业内容的数学工具支持。

　　本书第 1 章控制工程导论,是与控制有关的基本概念的导引;第 2 章复数与复变函数基础;第 3 章连续系统时域分析,重点阐述微分方程及其时域响应,因在数学、物理和电路等课程中也安排有这部分教学内容,在这里着重讲解物理概念和工程概念;第 4 章~第 6 章是核心内容,重点讲授傅里叶变换、拉普拉斯变换和 z 变换,并注重与控制类后续课程的衔接以及控制工程的基本概念的初步建立。

　　为提高学生学习兴趣,扩大学生视野,使学生了解工程数学的发展背景,书中还对复变函数、积分变换等发展史及相关的数学家做了简要的介绍。

　　本书由马洁、付兴建主编,苏中教授主审,书中不妥及错误之处,敬请批评指正。

编　者

2009 年 11 月

目录

第1章 控制工程导论 ·· 1

1.1 "三论"与控制工程 ··· 1

   1.1.1 "三论"及三位科学家 ····································· 1

   1.1.2 控制论与工程控制论 ····································· 3

1.2 控制系统的基本概念 ··· 5

   1.2.1 控制系统的实例 ··· 5

   1.2.2 控制系统的基本特点和基本要求 ························· 6

   1.2.3 控制系统中的有关定义 ··································· 7

   1.2.4 控制系统的分类 ··· 8

1.3 线性系统的性质 ··· 10

1.4 经典控制理论与现代控制理论 ··································· 11

   1.4.1 控制理论的发展历程 ····································· 11

   1.4.2 控制系统的模型论 ······································· 12

   1.4.3 控制系统的主要分析方法 ································· 12

小结 ·· 13

习题 ·· 13

第2章 复数与复变函数基础 ·· 14

2.1 复数及其代数运算 ··· 14

   2.1.1 复数的概念 ··· 14

   2.1.2 复数的代数运算 ··· 15

   2.1.3 复数的四则运算 ··· 15

   2.1.4 复数运算的特殊情况 ····································· 16

   2.1.5 共轭复数的运算 ··· 16

2.2 复数的表示 ··· 17

   2.2.1 复数的几何表示 ··· 17

   2.2.2 复数的三角表示和指数表示 ······························· 18

2.3 复数的乘幂与方根 ··· 19

   2.3.1 复数的乘积与商 ··· 19

   2.3.2 复数的幂与根 ··· 20

2.4 复变函数与映射 ··· 22

   2.4.1 复变函数的定义 ··· 22

   2.4.2 映射的概念 ··· 23

小结 ……………………………………………………………………… 25

习题 ……………………………………………………………………… 26

复数的概念与复变函数发展简史 ……………………………………… 28

第3章　连续系统时域分析 …………………………………………… 31

3.1　常用的控制信号及其运算 ……………………………………… 31

3.1.1　常用控制系统信号的表示 ……………………………… 31

3.1.2　信号的基本运算 ………………………………………… 35

3.2　时域数学模型——微分方程 …………………………………… 38

3.3　系统的时域响应 ………………………………………………… 42

3.4　阶跃响应 ………………………………………………………… 46

3.5　冲激信号与冲激响应 …………………………………………… 48

3.5.1　单位冲激信号 …………………………………………… 48

3.5.2　冲激响应 ………………………………………………… 52

小结 ……………………………………………………………………… 53

习题 ……………………………………………………………………… 55

常微分方程 ……………………………………………………………… 57

第4章　连续系统频域分析的工程数学基础 ………………………… 59

4.1　傅里叶变换及其逆变换 ………………………………………… 59

4.1.1　傅里叶变换的定义 ……………………………………… 59

4.1.2　常用非周期函数的傅里叶变换 ………………………… 64

4.1.3　周期函数的傅里叶变换 ………………………………… 68

4.2　傅里叶变换的性质与应用 ……………………………………… 70

4.3　频率特性的概念 ………………………………………………… 76

4.4　傅里叶变换在系统频域分析中的应用 ………………………… 79

4.4.1　微分方程的傅里叶变换求解方法 ……………………… 79

4.4.2　信号的无失真传输条件 ………………………………… 80

4.4.3　理想滤波器 ……………………………………………… 82

小结 ……………………………………………………………………… 83

习题 ……………………………………………………………………… 84

积分变换发展简史 ……………………………………………………… 86

数学家傅里叶 …………………………………………………………… 86

第5章　连续系统复频域分析的工程数学基础 ……………………… 88

5.1　拉普拉斯变换 …………………………………………………… 88

5.1.1　拉普拉斯变换的定义 …………………………………… 88

5.1.2 常用函数的拉普拉斯变换 ·············· 91

5.2 拉普拉斯变换的性质 ·················· 93

5.3 拉普拉斯逆变换 ···················· 101

5.4 复频域数学模型——传递函数 ·············· 106

5.4.1 传递函数的定义 ················· 106

5.4.2 传递函数的零、极点形式 ············· 108

5.4.3 传递函数的零、极点分布与时域特性的关系 ······ 109

5.5 拉普拉斯变换在系统复频域分析中的应用 ········· 112

5.5.1 用拉普拉斯变换法解线性常系数微分方程 ······ 113

5.5.2 拉普拉斯变换在电路分析中的应用 ········· 115

小结 ·························· 118

习题 ·························· 120

数学家拉普拉斯 ····················· 122

第6章 离散系统的工程数学基础 ················ 123

6.1 采样的基本概念 ···················· 123

6.1.1 采样过程 ··················· 123

6.1.2 采样定理 ··················· 125

6.2 离散时间序列的概念 ·················· 126

6.2.1 离散时间序列的表示 ··············· 126

6.2.2 常用的离散时间序列 ··············· 127

6.2.3 离散时间序列的基本运算 ············· 129

6.3 时域数学模型——差分方程及其求解 ··········· 131

6.3.1 差分方程 ··················· 131

6.3.2 差分方程的求解方法 ··············· 133

6.4 z 变换及其性质 ···················· 139

6.4.1 z 变换的定义 ················· 139

6.4.2 典型离散序列的 z 变换 ············· 140

6.4.3 z 变换的主要性质 ··············· 142

6.4.4 z 逆变换 ·················· 146

6.5 z 域数学模型——脉冲传递函数的基本概念 ········ 149

6.5.1 脉冲传递函数的定义 ··············· 150

6.5.2 脉冲传递函数的零、极点分布与稳定性 ········ 151

6.6 z 变换在系统分析中的应用 ·············· 153

小结 ·························· 156

习题 ·························· 157

数学家棣莫弗 ······················ 159

附录 **A** 数学发展简史 …………………………………………………… 161

附录 **B** 工程数学三大变换间的关系 ……………………………………… 164

附录 **C** 常用函数的三大变换对比表 ……………………………………… 167

部分习题答案 ………………………………………………………………… 169

参考文献 ……………………………………………………………………… 174

第1章

控制工程导论

1.1 "三论"与控制工程

1.1.1 "三论"及三位科学家

系统论、控制论和信息论是 20 世纪 40 年代先后创立并获得迅猛发展的最伟大的科学研究理论成果之一。人们摘取了这三论的英文名字的第一个字母,把它们称为 SCI 论。它们是控制工程的方法论基础。图 1-1、图 1-2 和图 1-3 是三位科学家的风采。

1. 信息论与美国数学家香农

信息论是 1948 年由美国数学家克劳德·艾尔伍德·香农(Claude Elwood Shannon)创立的,信息论是运用概率论与数理统计的方法研究信息传输和信息处理系统中一般规律的科学。

信息理论可分为三个方面:

(1) 以编码为中心的信息论,主要研究信息系统模型、信息的度量、信道的容量、信源统计特性、信源的编码和信道编码等,这些是引发信息论的核心问题。

(2) 以信息作为主要研究对象,包括信号噪声的统计分析、信号的检测、滤波、估计和预测等理论。

图 1-1　美国数学家香农(1916—2001 年)

(3) 以计算机为中心的信息处理的基本理论,包括语言、文字、图像的模式识别、自动翻译等。在基本理论和实际应用方面,信息论不断取得新的进展;模糊信息论、算法信息论、相对信息论、主观信息以及智能信息处理,自动化信息控制等大量崭新的课题相继出现并发展。

2. 系统论与美国生物学家贝塔朗菲

系统论是 1945 年由美国生物学家路德维希·冯·贝塔朗菲(Ludwig von Bertalanffv)

图 1-2　美国生物学家贝塔朗菲
（1901—1972 年）

创立的，是研究系统的结构和功能（包括演化、协同和控制）的一般规律的科学，其研究对象为各类系统。系统论的基本思想是：世界上任何事物都可以看成是一个系统，系统是普遍存在的，人们应该把所研究和处理的对象，当作一个系统，从整体上分析系统组成要素、各个要素之间的关系以及系统的结构和功能，还有系统、组成要素、环境三者的相互关系和变动的规律性，根据分析的结果来调整系统的结构和各要素关系，使系统达到优化目的。世界上任何事物都可以看成是一个系统，系统是普遍存在的。大至浩瀚的宇宙，小至微观的原子；一粒种子、一群蜜蜂、一台机器、一个工厂、一个学会团体等都是系统，整个世界就是系统的集合。

系统论的任务，不仅在于认识系统的特点和规律，更重要的还在于利用这些特点和规律去控制、管理、改造或创造系统，使它的存在与发展合乎人的需要。

3. 控制论与美国数学家维纳

控制论是 1948 年由美国数学家诺伯特·维纳（Norbert Wiener）提出的，是以数学为纽带研究动物、机器、自然和社会等系统中控制、反馈和通信的共同规律的科学。在控制论中，信息概念是一个基本的概念，控制论是建立在信息论基础上的。信息论的反馈原理在控制论中占有很重要的地位，几乎一切控制都包含反馈——系统输送出去的信息，作用于被控对象后产生的结果，再输送回来，并对信息的再输出发生影响。20 世纪 50 年代后，控制论向自然科学和社会科学的各个领域渗透，广泛地应用于心理学、管理科学、领导科学等学科。

耗散结构论、协同论和突变论是 20 世纪 70 年代以来陆续确立并获得极快发展的三门系统理论的分支学科，被称为"新三论"，也称为 DSC 论。因

图 1-3　美国数学家维纳（1894—1964 年）

此，信息论、系统论和控制论就被称为"老三论"了。耗散结构论是由比利时科学家普里戈津（Prigogine，1917—2003 年）在 1969 年提出的，他于 1977 年获得诺贝尔化学奖。协同论又称为"协同学"，是由德国著名理论物理学家哈肯（Haken，1927—）在 1973 年创立的。突变论创始人是法国数学家雷内托姆（R. Thom，1923—2002 年），他于 1972 年发表的《结构稳定性和形态发生学》一书阐述了突变理论，荣获国际数学界的最高奖——菲尔兹奖章。

4. "三论"关系与控制工程

系统论、控制论和信息论三门学科密切相关，它们的关系可以这样表述：系统论提出系

统概念并揭示其一般规律,控制论研究系统演变过程中的规律性,信息论则研究控制的实现过程。因此,信息论是控制论的基础,二者共同成为系统论的研究方法。

在控制系统中,有信息的测量(提取)、处理(加工或变换)和信息的传输、存储及利用,并最终形成控制作用(也是一种信息)。系统、信息和控制三者密不可分。

控制工程是以控制论、信息论和系统论为基础,以系统为主要对象,以数学方法、计算机技术、网络技术、通信技术、各种传感器和执行器等为主要工具,运用控制原理和方法实现和促进能量和物质的有效利用,实现和促进信息的控制应用和系统集成。

1.1.2 控制论与工程控制论

早在两千多年前,我国古代人民就有自动控制的思想。他们先后发明了铜壶滴漏计时器(自动计时),自动定向指南车(自动导航)以及各种模拟天体运动的天文观测仪器等自动装置。现代的自动控制系统是在18世纪欧洲的产业革命时才开始产生的。蒸汽机飞球调速装置、液面控制装置和温度控制装置等自动化装置在工业生产中广泛地得到应用。随着有关自动控制应用领域的增多,在工业实践的基础上,对自动控制系统(伺服系统)的科学理论分析也逐渐于19世纪中叶以后开始进行。

20世纪30年代以后,特别是第二次世界大战开始后,由于发展生产和军事技术的需要,出现了各种类型的自动化系统,其中如各种自动化加工设备、电力系统和化工生产流程的自动调节系统以及内燃机和汽轮机的自动控制装置等,都显著地提高了工业生产效率。军事的竞争迅速地促进了军事装备的自动化,如飞机的自动驾驶、火炮的自动瞄准、导弹的自动制导以及雷达的自动跟踪等。这时期的电子技术、无线电通信、神经生理学、生物学、数理逻辑、计算技术以及统计学等各种科学技术和理论都得到了飞跃发展。这一切都为控制论的诞生奠定了基础。

控制论的主要奠基人是美国科学家诺伯特·维纳。他于1948年所写的《控制论》一书被公认为控制论学科诞生的标志。他在自传《昔日的神童》中说,"我曾经是个名副其实的神童。因为我不到12岁就进入大学,不到15岁就获得学士学位,不到19岁就成了哲学博士"。后来他又在英国数学家罗素的影响下专攻数学,在纯数学理论上取得了成果。他对数学、物理学和博物学都有浓厚的兴趣。在研究随机的物理现象,如布朗运动等过程中,逐步地确立了统计理论的思想。这对于以后创立控制论是极有意义的。因为控制论研究对象的特点,在于它能够根据所处的随机性环境来决定和调整自身的行动,具有一定的灵活性和适应性。这就表明控制论只能建立在统计理论的基础上。同样由于无线电通信工程的需要,促使维纳解决滤波器的信息与噪声问题。在研究中,他提出了信息量的概念(信息论创始人香农也同时从不同的途径独立地提出了这个概念),从而解决了信息传输过程中定量计算的问题。这也是维纳以后创立控制论所需的重要理论基础。

20年代30年代末期,维纳参加了由哈佛医学院的罗森勃吕特领导的每月召开一次的科学方法论讨论会。这个讨论会对维纳的思想产生了极大影响。在这个讨论会中,由于聚集了大批的各种学科的杰出人才,在餐桌上无拘无束地自由讨论,来自各个不同学科的学者从不同的角度去讨论问题,同时也各自从本学科的角度去理解别人提出的问题,这使维纳极大地开阔了视野,增长了见识,活跃了思想。维纳认识到,在科学发展史上可以得到最大收获的领域是各种已经建立起来的学科之间被忽视的科学边缘区,维纳称之为"科学的处女地"。由此他立志开拓科学领域的这个空白区。控制论的创立正是他在"科学的处女地"上辛勤耕耘的结果。

他的这种处于萌芽状态的思想在第二次世界大战中得到了发展并逐渐成熟。他参与研究出高射炮自动瞄准装置,他从成功中意识到,自动控制系统在行为上与人和动物这样的生命机体极为相似,在论文中提出"一切有目的的行为都可以看作是需要负反馈的行为",通过"行为"把"反馈"和"目的"联系起来,实质上找到了机器模拟人的动作的机制。这里已经比较清晰地阐述了控制论的基本思想。维纳是一个对社会有使命感的科学家。战争年代他积极地投身于军事部门,战争后,他也思考如何将"控制论"思想应用于社会。"控制论"成为贯穿于工程、生物、社会和思维等完全不同领域的科学。

控制论的基本概念是信息概念、统计概念和反馈概念。信息概念的提出,是人类对客观世界认识的深化,它揭示了人类以前没有认识到的客观世界的一种普遍联系,即信息联系;统计概念为定量分析各种系统信息量的联系提供了理论工具;反馈概念则揭示了自动控制系统、生物系统、社会系统和智能系统等保持自我稳定的共同方式。由于信息概念、统计概念和反馈概念把本质极为不相同的工程系统、生物界、思维智能和社会系统沟通起来,使得这些系统中调节和控制的机能都可以用控制论方法统一地加以处理,所以,控制论又是一门方法论学科。

工程控制论的诞生以1954年我国科学家钱学森出版的《工程控制论》一书为标志,这本著作首先提出工程控制论的概念,并把控制论推广到工程领域。继而出现了生物控制论、经济控制论、社会控制论,将控制论推广应用到生物系统、经济运行及社会管理领域。

钱学森(见图1-4)被称为人民科学家,中国"两弹一星"的元勋,20世纪30年代毕业于上海交通大学机械系,1935年在美国加州理工学院研究高速飞行问题。在空气动力学、航空结构力学、火箭发动机、制导系统等方面都取得了突破性的成绩。1947年,36岁的钱学森成为麻省理工学院最年轻的一位终身教授。中华人民共和国的诞生,促使钱学森决定尽快地回归祖国,但他受到了麦卡锡主义者的被迫害拘留达5年之久,于1955年才得以回国。《工程控制论》就是在这期间完成的。它的目的是把工程实际

图1-4 中国著名科学家钱学森
(1911—2009年)

中所用的许多设计原则加以整理和总结,使之成为理论,因而也就把工程实际中的各个不同领域的共同性显示出来,而且也有力地说明了一些基本概念的重大作用。

维纳提出了控制论,钱学森的工程控制论率先解决了实际与理论的统一,工程与数学的统一问题,为控制论深入应用于各领域提供了有力的工具和方法。目前一种趋势是应用工程控制论的理论与方法去研究生物等系统,但由于生物等系统是经过亿万年长期进化的结果,它自身形成了许多工程系统所望尘莫及的优点,如具有自适应、自镇定、自学习、自修复以及高可靠性等特性,因此,另一种趋势是人们开始从生物等系统的研究中探索新的控制理

论与方法,以促进工程控制论的发展,这可能就是控制论发展的辩证道路。

1.2 控制系统的基本概念

"自动控制"这个词从字面上就反映出是节省人力、改善劳动条件和增加安全保障的有效手段。然而,在大多数情况下,一提起自动控制,人们就会联想到卫星、导弹和数控机床等高新技术。其实不然,自动控制早已向人们衣、食、住、行的各个环节里渗透,"自动化"就在人们身边。下面从人们身边具体的控制系统出发,引出控制系统中的有关定义。

1.2.1 控制系统的实例

恒温箱就是一个简单的温度控制系统的例子,但却包含着普遍的意义。恒温箱发明于17世纪初,被应用于孵鸡和饲养雏鸡。箱子里插入一个温度计,还有一个加热电阻丝和开关串联起来的电路,如图1-5所示。

1. 手动控制的过程

要保持箱内温度为20℃(假定周围环境温度低于所要保持的温度),人们一面用眼睛观察温度计,一面用手打开或接通开关。当温度计的水银柱低于20℃时,人们用手合上开关,这时电流通过加热

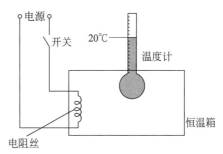

图 1-5 恒温箱工作原理示意图

电阻丝,产生热量,使箱内温度上升;到了20℃时,人们就将开关断开,电流不通,电阻丝不再产生热量,这样温度就达到了20℃。这样一边用眼观察,一边用手控制,使箱内温度保持在20℃,这就是用人工控制使箱子保持恒温的操作过程。

2. 自动控制的过程

如图1-6所示,在图1-5的基础上增加一个弹簧、一个继电器以及接到温度计上的有关线路。它们的作用就是代替人工的操作。具体工作过程如下:弹簧的作用是拉住开关,使得开关在一般情况下处于接通的状态,这时电阻丝发热。继电器就是电磁铁,当有电流通过

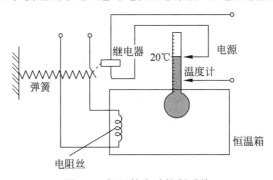

图 1-6 恒温箱自动控制系统

它时,它就产生吸力,将开关拉开;当没有电流通过它时,它没有吸力,开关被弹簧拉回。温度计内的水银柱是可以导电的。图 1-6 线路的接法,使得在未达到要求的温度(假如 20℃)时线路中无电流,因而继电器无吸力;一旦温度升高达到了 20℃,线路接通,继电器产生吸力,将开关吸开。所以弹簧与继电器相当于人手的动作:接通或打开开关。温度计上连接的线路相当于眼睛的观察,它能比较是否达到了所要求的温度。继电器与温度计之间的线路相当于人体器官的传递作用,当达到 20℃时就通知继电器去吸开开关。

图 1-7 是恒温箱自动控制系统的框图,用线条框及线条表示各部件之间的信息传递关系,它也是说明控制系统的关系图。控制系统有输入量和输出量,这里输入量就是要求的温度(20℃),输出量就是恒温箱内的实际温度(在 20℃左右)。被控对象是恒温箱,继电器、开关和电阻丝起着执行加热或不加热的作用,称为执行机构或控制器。温度计是测量机构或传感器,用来测量被控对象的温度。电路的接法构成了将温度计所测得的温度与要求的温度进行比较的机构,称为比较器。一般地,简单的控制系统都有与此类似的机构或部件,它们的相互关系也类似于这一恒温控制系统。

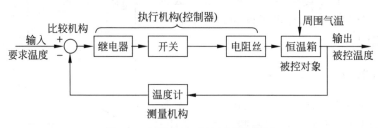

图 1-7　恒温箱自动控制系统框图

生活中与恒温箱相同原理的温度控制系统还有电熨斗的温控器、电饭煲的自动保温控制系统、电冰箱的温度控制系统等。

1.2.2　控制系统的基本特点和基本要求

1. 控制系统的基本特点

从温度控制系统可以看出,一般控制系统有以下三个特点。

(1) 控制系统的控制过程就是信息的传递、变换的过程

恒温箱中温度计内水银柱的高低(它是机械的位移量)信息变换成电路导通与否的电信息,又变换成电磁铁磁力有无的信息,又变换成开关接通或断开的信息,再变换成电阻丝发热与否的信息,最后又变换成箱内温度高低(分子运动的快慢)的信息。总之,不管是机械的、电的、磁的、分子运动的变化,它们都是传递着信息、起着控制的作用,达到恒温的目的。

(2) 控制系统是闭环的反馈系统

从图 1-7 可以看出,各部件是一环扣一环的,形成头尾相连的循环作用的过程,即闭环的系统。反馈是指被馈送出去的量(这里就是输出的被控温度)又把它反输回来,在输入端用作决定是否加温的信息之用。信息流动及反馈方向用箭头表示,如图 1-7 所示。反馈的概念是控制系统中非常重要的基本概念之一。

（3）控制系统性能的研究要引入统计概念

闭环反馈系统的被控量一般会出现振荡的现象。从恒温箱的控制也可以看出，当温度计达到要求的温度20℃时电路断开了，但电阻丝还要发热一段时间，温度就要超过20℃，譬如超过了1℃或0.5℃；一段时间后，因恒温箱散热才回到了20℃。待低于20℃时，系统又开始接通。这种围绕某一平衡位置周而复始地上下波动称为振荡，它是由于系统有惯性等原因所造成的。电阻丝断电后仍发热一段时间，称为热惯性，其他机械、电气等部件也可能有机械、电气的惯性，都可能引起系统的振荡。这里说恒温20℃是指在各种环境干扰情况下，恒温箱温度在不断地波动，它的统计平均值为20℃。

这种被控量能保持在某一确定值，即使它有一些微幅的振荡（如1℃或0.5℃），仍称此系统为稳定的系统。假如由于电的或者机械的某些故障，该拉开开关时拉不开或该接通时接不通，系统就不能保持在20℃左右，这称为不稳定系统。

2. 对控制系统的基本要求

对控制系统的基本要求一般可归结为稳定性、准确性和快速性三个方面，即稳、准、快。

（1）稳定性

稳定性是指动态过程的振荡倾向和系统能否恢复平衡状态的能力。稳定性是保证系统能够正常工作的首要条件。

（2）准确性

准确性是指调整过程结束后输出量与给定量之间偏差的大小，或称为稳态误差。这是衡量系统工作性能的重要指标。

（3）快速性

快速性是指当系统输出量与给定量之间产生偏差时，消除这种偏差过程的快慢程度。一般称为动态性能。

1.2.3 控制系统中的有关定义

1. 系统

系统是指相互依赖和相互作用的若干单元组成的具有一定功能的整体，它广泛存在于自然界、人类社会和工程技术等各个领域。如由大脑、躯干、四肢、内脏等组成的人体系统；由发电、输变电、配电、用电等设备组成的电力系统。从广义上讲，系统应包括物理系统和非物理系统，人工系统和自然系统。电气的、机械的、声学的和光学的系统属于物理系统。生物系统、政治体制系统、经济结构系统、生产组织系统等属于非物理系统。供电网、运输系统、计算机网等可称为人工系统。太阳系、生物系和动物的神经组织等可称为自然系统。

在电子信息领域中，通常利用通信系统、控制系统和计算机系统进行信号的传输和处理。

2. 被控对象

为完成一定任务的被控制机构称为被控对象。

3. 控制

控制是指通过对被控对象实施一定的操作,以使其按照预定的规律运动或变化的过程。

4. 控制器

控制器是指起控制作用或发出控制信息的执行机构。

5. 比较器

反馈控制系统中用以比较输出反馈信息与输入参考信息间误差的机构称为比较器。

6. 测量机构

反馈控制系统中用以检测出输出信息作为反馈信息的机构称为测量机构。

7. 输入信号

输入信号一般是指输入系统的标准的或参考的信号。

8. 输出信号

输出信号是指系统正常运行状态下输出的信号。

9. 扰动信号

扰动信号是一种对系统输出量起干扰作用的信号。如果扰动产生在系统内部,称为内扰;扰动产生在系统外部,称为外扰。外扰也是系统的一种输入量。

1.2.4 控制系统的分类

1. 按系统输入、输出信号的数目不同分类

按系统输入、输出信号的数目不同可分为单输入单输出系统(SISO)和多输入多输出系统(MIMO)两种。

系统只有单个输入和单个输出信号的系统,这样的系统称为单输入单输出系统,系统的输入与输出的对应关系可以用框图表示,如图 1-8 所示。

系统含有多个输入、输出信号的系统,则称之为多输入多输出系统,如图 1-9 所示。

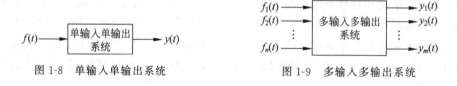

图 1-8 单输入单输出系统   图 1-9 多输入多输出系统

2. 按信号的传递路径分类

按信号的传递路径可分为开环控制系统和闭环控制系统两种。

开环控制系统指系统的输出端与输入端不存在反馈回路,输出量对系统的控制作用不发生影响的系统。没有反馈通道,不具有修正误差的能力。

闭环控制系统(或称反馈控制系统)是将输出信号通过测量元件反馈到系统的输入端,经过比较得到误差信号对系统产生控制作用,减小系统的误差。如图 1-7 所示恒温箱自动控制系统就是闭环控制系统。

3. 按系统输入量与输出量的关系满足的数学模型分类

按系统输入量与输出量的关系满足的数学模型分类可分为线性系统与非线性系统两种。

线性系统由线性元件构成,描述运动规律的数学模型为线性微分方程或差分方程。主要特点是具有可加性和齐次性。

在构成系统的元件中有一个或一个以上是由非线性函数描述的,则称该系统为非线性系统。非线性系统不满足可加性和齐次性。严格地说,自然界中任何物理系统的特性都是非线性的,但是,为了研究问题的方便,许多系统在一定条件下,可以近似为线性系统来研究,其误差往往在工业生产允许的范围之内。

4. 按系统传输信号的类型分类

按系统传输信号的类型分类可分为连续时间系统和离散时间系统两种。

如果系统的输入、输出信号都是连续时间信号或连续函数,则称之为连续时间系统,简称连续系统。

如果系统的输入、输出信号都是离散时间信号或系统中只要有一处信号出现脉冲信号或数字信号,就称为离散时间系统,简称离散系统。如数字控制系统、微机控制系统等。

5. 按系统输出信号的变化规律分类

按系统输出信号的变化规律分类可分为恒值控制系统、程序控制系统和随动系统三种。

恒值控制系统要求系统的输出是一个恒定的数值。这种系统是保证系统在任何扰动下,输出量以一定的精度接近给定值。工业控制中,如果被控量是温度、压力、流量、水位等生产过程变量时,则称这种控制系统为过程控制系统。

程序控制系统要求系统的输出按照一个已知的函数变化。系统的控制过程按预定的程序进行,这时要求被控量能迅速准确地复现输入,如机械加工使用的数控机床就是典型的程序控制系统。

如果控制系统的输入信号是预先未知的随时间任意变化的函数,要求系统的输出量精确、快速地跟随输入信号的变化,则这种系统称为随动系统。随动系统在军事领域中有着极为广泛的应用,如火炮自动瞄准、雷达的自动跟踪、船舶操纵系统、导弹的拦截等都是随动系统。

在随动系统中,如果被控量是机械的位置或其导数时,例如电动机的转动角或转速,则称为伺服系统。

6. 按系统的动态方程系数分类

按系统的动态方程系数分类可分为定常系统和时变系统两种。

如果系统的动态方程为常系数微分方程,则称为定常系统。在定常系统中,系统的结构和参数是不随时间变化的。

如果系统动态方程的系数是随时间变化的,则称为时变系统。

综上所述,可以从不同角度对系统进行分类。例如,还可将系统分为确定性系统与随机性系统;因果系统与非因果系统、稳定系统与非稳定系统等。

1.3 线性系统的性质

线性系统是系统中的一类重要理想模型。同时满足可加性和齐次性的系统称为线性系统。

1. 可加性

如果输入 $f_1(t)$ 时系统响应为 $y_1(t)$,输入 $f_2(t)$ 时系统响应为 $y_2(t)$,则输入为 $f_1(t)+f_2(t)$ 时,系统响应为 $y_1(t)+y_2(t)$,如图 1-10(a)所示。

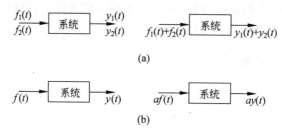

(a)

(b)

图 1-10 线性系统性质示意图

2. 齐次性

若系统对输入 $f(t)$ 的响应为 $y(t)$,当输入增至 a 倍即 $af(t)$ 时,其响应也增至 a 倍,即 $ay(t)$,如图 1-10(b)所示。

同时满足可加性和齐次性的系统称为线性系统,可记为

$$若 \ f_1(t) \rightarrow y_1(t), f_2(t) \rightarrow y_2(t)$$

则对于任意常数 a_1 和 a_2,有

$$a_1 f_1(t) + a_2 f_2(t) \rightarrow a_1 y_1(t) + a_2 y_2(t)$$

不满足上述关系的系统称为非线性系统。

一个系统是否为线性系统,还可以直接从其描述方程判断。若系统是以线性代数方程或线性微(积)分方程描述的,则该系统就是线性的。例如,以方程

$$y'(t) + 2y(t) = f(t)$$

描述的系统为线性系统。

对于图 1-11 所示非线性电路,其方程为

$$C\frac{\mathrm{d}u(t)}{\mathrm{d}t} = \frac{u_s(t) - u(t)}{R} - u^2(t)$$

即

$$RC\frac{\mathrm{d}u(t)}{\mathrm{d}t} + Ru^2(t) + u(t) = u_s(t)$$

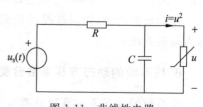

图 1-11 非线性电路

该方程是非线性的,故系统是非线性系统。

1.4　经典控制理论与现代控制理论

1.4.1　控制理论的发展历程

控制理论是关于控制系统建模、分析和综合的一般理论,也可以看作是控制系统的应用数学分支。但它不同于数学,它是一门技术科学。一般,人们认为控制理论经历了三个阶段:经典控制理论、现代控制理论以及大系统控制理论和智能控制理论。

1."经典控制理论"发展时期

20世纪40—50年代为"经典控制理论"发展时期。早期的控制系统分析与力学系统分析是一致的。其做法是将控制系统各部件的运动微分方程列写出来后,将它们联立求解,得出整个系统的运动规律。所以,系统分析是建立在时间域的基础上的。随着自动化技术的发展,系统越来越复杂,微分方程的阶次也越来越高,直接用求解微分方程的方法也越不容易。于是人们采用拉普拉斯变换这一数学工具,将时间域问题变为频率域问题,也就是将微分方程问题变为代数方程来处理,并将整个系统分解为几种基本的典型环节,如放大环节、惯性环节、振荡环节等,再应用各种图解的方法(如伯德图、奈奎斯特图、根轨迹图等)来分析、设计系统的参数,这就是经典控制理论,它适用于线性、定常、单输入单输出系统。经典控制理论的基础是拉普拉斯变换,用传递函数与频率法来研究系统,研究的重点是系统的反馈控制。

2."现代控制理论"发展时期

20世纪60—70年代为"现代控制理论"发展时期。现代控制理论的奠基人是美国科学家卡尔曼(R. E. Kalman),他提出的状态空间分析法及苏联学者庞特里亚金(Pontryagin)提出的极大值原理和其他学者提出的动态规划等方法,形成了最优控制、系统辨识、自适应控制等现代控制理论的研究方向。其主要研究对象扩充到多输入多输出系统,非线性、变参数、离散的系统。核心装置是电子计算机。电子计算机运用矩阵运算使工程技术人员摆脱了复杂的数学运算,这就是状态空间分析法的一个优点。

3. 向"大系统控制理论"和"智能控制理论"的方向发展

20世纪70年代末至今,向"大系统控制理论"和"智能控制理论"的方向发展。"大系统控制理论"是控制理论在广度上的开拓,"智能控制理论"是控制理论在深度上的挖掘。大系统控制理论主要研究对象是众多因素的控制系统,分析方法也是时域法和应用计算机,它所研究的问题涉及社会系统、经济系统、生态环境系统和人的大脑系统等。"智能控制理论"是通过研究与模拟人类活动的机理,研究具有仿人智能的工程控制和信息处理问题。目前智能控制理论已经形成了模糊控制、神经网络控制和专家控制等重要分支。

回顾控制理论的发展历程可见,它反映了人类社会由机械化步入电气化,继而走向自动化、信息化和智能化的时代特征。

控制系统的模型论

利用数学方法解决实际问题时,首先要进行的工作是建立数学模型,然后才能在此模型基础上对实际问题进行理论求解、分析和研究。如何将一个系统的数学表达式(数学模型)列写出来呢?一般有两种方法。一是机理建模法,这种方法在工程控制系统中最常见。因为工程系统的部件一般是机械元件或电气元件,容易用力学或电学的定律来列写;机械系统用牛顿定律、能量守恒定律来列写;电气系统用基尔霍夫定律、欧姆定律等来列写。这种列写数学模型的方法也叫解析法。二是实验建模方法,这是利用系统的输入输出数据等来辨识系统数学模型的结构和参数的方法,即系统辨识。

按照人们对被控对象的了解程度,有所谓的白箱模型、黑箱模型和灰箱模型。

(1)白箱模型。对那些内部结构和特性基本清楚的系统,可利用已知的一些基本定律,即用先验知识,经过分析和演绎,理论上推导出数学表达式或逻辑关系。

(2)黑箱模型。对那些内部结构和特性不清楚的系统,用系统辨识与参数估计方法建立数学模型。系统辨识就是按照一个准则在一组模型类中选取一个与测试数据拟合得最好的模型,是从特殊到一般的过程。

(3)灰箱模型。对那些内部结构和特性有部分了解但又不甚了解的系统,则可采用前两种相结合的混合建模法,因此这种方法用得最多。

如图1-12所示,越接近白箱的系统,模型越准确,因此仿真可信度也越高;而越接近黑箱的系统,模型越粗糙,因而仿真可信度也越低。

图1-12 不同领域的数学模型谱

控制系统的主要分析方法

控制系统分析的主要任务是分析系统对指定激励所产生的响应,如图1-13所示。其分析过程主要包括建立系统模型,根据模型建立系统的方程,求解出系统的响应。

图1-13 控制系统分析框图

描述系统的方法可分为两大类:输入输出法和状态变量法。

输入输出法也称端口法,它主要描述系统输入与输出之间的关系,如连续系统用微分方程或传递函数描述,离散系统用差分方程描述;线性系统用线性方程(组)描述,非线性系统用非线性方程(组)描述;时不变系统用常系数微分方程(差分方程)描述,时变系统用变系数方程描述等。

状态变量法是以系统内部状态变量为基础的描述方法,又称内部法。它既表征了输入和输出对于系统内部状态的因果关系,又反映了内部状态和输入对外部输出的影响,状态空间表达式是对系统的一种完全描述。

系统的求解方法可分为两大类:时域法和变换域法。

时域法主要包括连续系统时域分析和离散系统时域分析;变换域法主要有频域分析(傅里叶变换)与变换域分析(拉普拉斯变换、z 变换)等。

小　　结

控制工程是奠定在坚实的数学基础和方法论基础之上的学科。本章介绍了"三论"(控制论、信息论和系统论)及控制工程的关系,从一个控制系统实例出发,介绍了控制系统的基本概念和控制理论的发展历程、线性系统的性质,最后阐述了经典控制理论与现代控制理论的主要内容与控制系统的主要分析方法。

习　　题

1-1　试判别以下方程所描述的系统的类型。

(1) $y(t) = \dfrac{\mathrm{d}f(t)}{\mathrm{d}t} + \displaystyle\int_0^t f(x)\mathrm{d}x$;

(2) $y''(t) + 2y'(t) + 3y(t) = f'(t) + f(t-2)$;

(3) $y''(t) + 2ty'(t) + 6y(t) = 7f(t)$;

(4) $[y'(t)]^2 + y(t) = f(t)$。

1-2　试证明下列方程所描述的系统为线性系统。式中 a 为常数。
$$y'(t) + ay(t) = u(t)$$

1-3　试列举几个身边控制系统的例子,说明其基本原理。

1-4　"新三论""老三论"各指什么? 控制论的主要思想是什么?

高等院校电子信息与电气学科特色教材

第2章
复数与复变函数基础

2.1 复数及其代数运算

2.1.1 复数的概念

在学习初等代数时,已经知道在实数范围内,方程

$$x^2 + 1 = 0$$

是无解的,因为没有一个实数的平方等于-1。由于解方程的需要,人们引进一个新数 j 称为虚单位,并规定

$$j^2 = -1$$

从而 j 是方程 $x^2 + 1 = 0$ 的一个根。

虚数单位的特性:

$$j^1 = j, \quad j^2 = -1, \quad j^3 = j \cdot j^2 = -j, \quad j^4 = j^2 \cdot j^2 = 1,$$
$$j^5 = j^4 \cdot j = j, \quad j^6 = j^4 \cdot j^2 = -1, \quad j^7 = j^4 \cdot j^3 = -j,$$
$$j^8 = j^4 \cdot j^4 = 1, \cdots$$

一般地,如 n 是正整数,则

$$j^{4n} = 1, \quad j^{4n+1} = j, \quad j^{4n+2} = -1, \quad j^{4n+3} = -j \tag{2-1}$$

对于任意 2 个实数 x 和 y,称 $z = x + jy$ 为复数,其中 x 和 y 分别称为 z 的实部和虚部,记作

$$x = \text{Re}(z) \quad y = \text{Im}(z) \tag{2-2}$$

当 $x = 0$ 时,$z = jy$ 称为纯虚数;当 $y = 0$ 时,$z = x + j0$,这时 z 就是实数。

要注意复数与实数有一些不同,如两复数相等当且仅当它们的实部和虚部分别相等;复数 z 等于 0 当且仅当它的实部和虚部同时等于 0;两个数如果都是实数,可以比较它们的大小,如果不全是实数,就不能比较大小,也就是说,复数不能比较大小。

例 2-1 实数 m 取何值时,复数 $(m^2 - 3m - 4) + (m^2 - 5m - 6)j$ 是(1)实数;(2)纯虚数。

解 令 $x = m^2 - 3m - 4, y = m^2 - 5m - 6$。

(1) 如果复数是实数,则 $y = 0$,由 $m^2 - 5m - 6 = 0$,有 $m = 6$ 或 $m = -1$;

（2）如果复数是纯虚数，则 $x=0$ 且 $y\neq0$ 由 $m^2-3m-4=0$，有 $m=4$ 或 $m=-1$，但是 $y\neq0$，所以 $m=-1$ 含去，即 $m=4$。

2.1.2 复数的代数运算

对虚数单位的规定：j 可以和实数一样进行四则运算。

设两个复数分别为 $z_1=x_1+\mathrm{j}y_1$ 和 $z_2=x_2+\mathrm{j}y_2$，则有

加减法运算

$$(x_1+\mathrm{j}y_1)\pm(x_2+\mathrm{j}y_2)=(x_1\pm x_2)+\mathrm{j}(y_1\pm y_2) \tag{2-3}$$

乘法运算

$$(x_1+\mathrm{j}y_1)(x_2+\mathrm{j}y_2)=(x_1x_2-y_1y_2)+\mathrm{j}(x_2y_1+x_1y_2) \tag{2-4}$$

除法运算

设 $z_2=x_2+\mathrm{j}y_2\neq0$

$$\frac{x_1+\mathrm{j}y_1}{x_2+\mathrm{j}y_2}=\frac{x_1x_2+y_1y_2}{x_2^2+y_2^2}+\mathrm{j}\frac{x_2y_1-x_1y_2}{x_2^2+y_2^2} \tag{2-5}$$

例 2-2 化简 $\dfrac{(2+3\mathrm{j})^2}{2+\mathrm{j}}$。

解 将 $\dfrac{(2+3\mathrm{j})^2}{2+\mathrm{j}}$ 分解化简如下

$$\frac{(2+3\mathrm{j})^2}{2+\mathrm{j}}=\frac{4-9+12\mathrm{j}}{2+\mathrm{j}}=\frac{(-5+12\mathrm{j})(2-\mathrm{j})}{(2+\mathrm{j})(2-\mathrm{j})}=\frac{-10+12+29\mathrm{j}}{4+1}=\frac{2+29\mathrm{j}}{5}$$

实部相同而虚部正负号相反的两个复数称为共轭复数，与 z 共轭的复数记作 $\bar{z}$。如果 $z=x+\mathrm{j}y$，则 $\bar{z}=x-\mathrm{j}y$。

例 2-3 计算共轭复数 $x+\mathrm{j}y$ 与 $x-\mathrm{j}y$ 的积。

解 共轭复数 $x+\mathrm{j}y$ 与 $x-\mathrm{j}y$ 的积为

$$(x-\mathrm{j}y)(x+\mathrm{j}y)=x^2-(\mathrm{j}y)^2=x^2+y^2$$

2.1.3 复数的四则运算

复数的运算和实数的情形一样，也满足交换律、结合律和分配律。

（1）加法交换律

$$z_1+z_2=z_2+z_1 \tag{2-6}$$

（2）乘法交换律

$$z_1\cdot z_2=z_2\cdot z_1 \tag{2-7}$$

(3) 加法结合律

$$z_1 + (z_2 + z_3) = (z_1 + z_2) + z_3 \tag{2-8}$$

(4) 乘法结合律

$$z_1(z_2 \cdot z_3) = (z_1 \cdot z_2)z_3 \tag{2-9}$$

(5) 乘法对于加法的分配律

$$z_1(z_2 + z_3) = z_1 z_2 + z_1 z_3 \tag{2-10}$$

2.1.4
复数运算的特殊情况

(1) $z + 0 = z, 0 \cdot z = 0$;

(2) $z \cdot 1 = z, z \cdot \dfrac{1}{z} = 1$;

(3) 若 $z_1 z_2 = 0$,则 z_1 与 z_2 至少有一个为零;反之亦然。

2.1.5
共轭复数的运算

(1) $\bar{\bar{z}} = z$ \hfill (2-11)

(2) $\overline{z_1 \pm z_2} = \bar{z}_1 \pm \bar{z}_2$ \hfill (2-12)

(3) $\overline{z_1 z_2} = \bar{z}_1 \bar{z}_2$ \hfill (2-13)

(4) $\overline{\left(\dfrac{z_1}{z_2}\right)} = \dfrac{\bar{z}_1}{\bar{z}_2}(z_2 \neq 0)$ \hfill (2-14)

(5) $z\bar{z} = [\operatorname{Re} z]^2 + [\operatorname{Im} z]^2$ \hfill (2-15)

(6) $\operatorname{Re} z = \dfrac{z + \bar{z}}{2}, \operatorname{Im} z = \dfrac{z - \bar{z}}{2j}$ \hfill (2-16)

(7) $z = \bar{z} \Leftrightarrow z$ 为实数 \hfill (2-17)

例 2-4 设 $z = \dfrac{1 - 2j}{3 - 4j} - \overline{\left(\dfrac{2 + j}{-5j}\right)}$,求 $\operatorname{Re} z$、$\operatorname{Im} z$ 及 $z\bar{z}$。

解 因为

$$z = \frac{1 - 2j}{3 - 4j} - \overline{\frac{2 + j}{-5j}} = \frac{(1 - 2j)(3 + 4j)}{(3 - 4j)(3 + 4j)} - \frac{2 - j}{5j}$$

$$= \frac{11 - 2j}{25} - \frac{(2 - j)(-5j)}{5j(-5j)} = \frac{11 - 2j}{25} + \frac{5 + 10j}{25} = \frac{16}{25} + \frac{8}{25}j$$

所以

$$\operatorname{Re} z = \frac{16}{25}, \quad \operatorname{Im} z = \frac{8}{25}$$

$$z\bar{z} = \left(\frac{16}{25} + \frac{8}{25}j\right)\left(\frac{16}{25} - \frac{8}{25}j\right) = \frac{64}{125}$$

2.2　复数的表示

2.2.1　复数的几何表示

由于任一复数 $z=x+jy$ 与一对实数 x、y 一一对应,所以对于平面上给定的直角坐标系,复数 $z=x+jy$ 可以用坐标为 (x,y) 的点来表示,这是一个常用的表示法,x 轴称为实轴,y 轴称为虚轴,两轴所在的平面称为复平面或 z 平面,这样,复数与复平面上的点成一一对应,如图 2-1 所示。

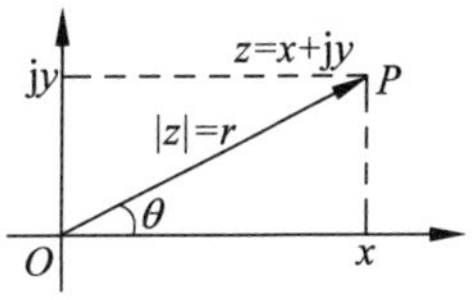

复数 $z=x+jy$ 可以用复平面上的向量 OP 表示,向量的长度称为 z 的模或绝对值。记为 $|z|=r=\sqrt{x^2+y^2}$,显然下列各式成立:

图 2-1　复数的几何表示

$$|x|\leqslant|z|$$
$$|y|\leqslant|z|$$
$$|z|\leqslant|x|+|y|$$
$$z\cdot\bar{z}=|z|^2=|z^2|$$

在 $z\neq 0$ 的情况,向量 OP 与 x 轴的夹角 θ 称为 z 的辐角(或相角),记作

$$\mathrm{Arg}z=\theta \tag{2-18}$$

规定 θ 角逆时针为正,顺时针为负。

任何一个复数 $z\neq 0$ 有无穷多个辐角,如果 θ_0 是其中的一个,那么

$$\mathrm{Arg}z=\theta_0+2k\pi \quad (k\text{ 为任意整数}) \tag{2-19}$$

就给出了 z 的全部辐角(无穷多个)。在 $z\neq 0$ 的辐角中,将满足 $-\pi<\theta_0\leqslant\pi$ 的 θ_0 称 $\mathrm{Arg}z$ 的主值,记为 $\theta_0=\arg z$。

$z\neq 0$ 的辐角的主值

$$\arg z=\begin{cases}\arctan\dfrac{y}{x}, & x>0 \\[2mm] \pm\dfrac{\pi}{2}, & x=0,y\neq 0 \\[2mm] \arctan\dfrac{y}{x}\pm\pi, & x<0,y\neq 0 \\[2mm] \pi, & x<0,y=0\end{cases}$$

其中,$-\dfrac{\pi}{2}<\arctan\dfrac{y}{x}<\dfrac{\pi}{2}$。说明:当 $z=0$ 时,$|z|=0$,辐角不确定。

例 2-5　求 $\mathrm{Arg}(2-2j)$ 和 $\mathrm{Arg}(-3+4j)$。

解　由式(2-18)和式(2-19),有

$$\mathrm{Arg}(2-2j)=\arg(2-2j)+2k\pi=\arctan\dfrac{-2}{2}+2k\pi$$

$$=-\dfrac{\pi}{4}+2k\pi \quad (k=0,\pm 1,\pm 2,\cdots)$$

$$\mathrm{Arg}(-3+4\mathrm{j}) = \arg(-3+4\mathrm{j}) + 2k\pi$$
$$= (2k+1)\pi - \arctan\frac{4}{3} \quad (k=0,\pm 1,\pm 2,\cdots)$$

例 2-6 求复数 $z = \dfrac{1}{1+2\mathrm{j}}$ 的实部、虚部、模值与辐角的主值。

解 由于

$$z = \frac{1}{1+2\mathrm{j}} = \frac{1-2\mathrm{j}}{(1+2\mathrm{j})(1-2\mathrm{j})} = \frac{1}{5} - \frac{2}{5}\mathrm{j}$$

所以

$$\mathrm{Re}(z) = \frac{1}{5}, \quad \mathrm{Im}(z) = -\frac{2}{5}$$

$$r = \sqrt{\left(\frac{1}{5}\right)^2 + \left(-\frac{2}{5}\right)^2} = \frac{\sqrt{5}}{5} = 0.447, \quad \theta = \arctan\frac{-\dfrac{2}{5}}{\dfrac{1}{5}} = -\arctan 2 = -63.43°$$

2.2.2 复数的三角表示和指数表示

复数的直角坐标与极坐标的关系如下:

$$x = r\cos\theta, \quad y = r\sin\theta$$

复数 z 可以表示为

$$z = r(\cos\theta + \mathrm{j}\sin\theta) \tag{2-20}$$

该式称为复数的三角表示法。

利用欧拉公式 $\mathrm{e}^{\mathrm{j}\theta} = \cos\theta + \mathrm{j}\sin\theta$,可得

$$z = r\mathrm{e}^{\mathrm{j}\theta} = |z|\,\mathrm{e}^{\mathrm{j}\theta} \tag{2-21}$$

这种形式称为复数的指数表示法。

复数的各种表示法可以相互转换,以适应不同问题时的讨论。

例 2-7 将 $z = -\sqrt{12} - 2\mathrm{j}$ 化为三角表示式和指数表示式。

解 因为

$$r = |z| = \sqrt{12+4} = 4, \quad \tan\theta = \frac{y}{x} = \frac{-2}{-\sqrt{12}} = \frac{\sqrt{3}}{3}$$

由于 z 在第三象限,所以

$$\theta = -\frac{5}{6}\pi$$

则 z 的三角表示式是

$$z = 4\left[\cos\left(-\frac{5}{6}\pi\right) + \mathrm{j}\sin\left(-\frac{5}{6}\pi\right)\right] = 4\left(\cos\frac{5}{6}\pi - \mathrm{j}\sin\frac{5}{6}\pi\right)$$

z 的指数表示式是

$$z = 4\mathrm{e}^{-\mathrm{j}\frac{5}{6}\pi}$$

例 2-8　将下列复数化为三角表示式与指数表示式。

$$z = \frac{(\cos 5\phi + \mathrm{j}\sin 5\phi)^2}{(\cos 3\phi - \mathrm{j}\sin 3\phi)^3}$$

解　因为

$$\cos 5\phi + \mathrm{j}\sin 5\phi = \mathrm{e}^{5\phi \mathrm{j}}$$
$$\cos 3\phi - \mathrm{j}\sin 3\phi = \cos(-3\phi) + \mathrm{j}\sin(-3\phi) = \mathrm{e}^{-3\phi \mathrm{j}}$$

所以

$$\frac{(\cos 5\phi + \mathrm{j}\sin 5\phi)^2}{(\cos 3\phi - \mathrm{j}\sin 3\phi)^3} = \frac{(\mathrm{e}^{5\phi \mathrm{j}})^2}{(\mathrm{e}^{-3\phi \mathrm{j}})^3} = \mathrm{e}^{19\phi \mathrm{j}}$$

三角表示式为

$$z = \cos 19\phi + \mathrm{j}\sin 19\phi$$

指数表示式为

$$z = \mathrm{e}^{19\phi \mathrm{j}}$$

2.3　复数的乘幂与方根

2.3.1　复数的乘积与商

定理一　两个复数乘积的模等于它们的模的乘积；两个复数乘积的辐角等于它们的辐角的和。

证明　设复数 z_1 和 z_2 的三角形式为

$$z_1 = r_1(\cos\theta_1 + \mathrm{j}\sin\theta_1) \quad z_2 = r_2(\cos\theta_2 + \mathrm{j}\sin\theta_2)$$

则

$$
\begin{aligned}
z_1 \cdot z_2 &= r_1(\cos\theta_1 + \mathrm{j}\sin\theta_1) \cdot r_2(\cos\theta_2 + \mathrm{j}\sin\theta_2)\\
&= r_1 \cdot r_2\big[(\cos\theta_1\cos\theta_2 - \sin\theta_1\sin\theta_2) + \mathrm{j}(\sin\theta_1\cos\theta_2 + \cos\theta_1\sin\theta_2)\big]\\
&= r_1 \cdot r_2\big[\cos(\theta_1 + \theta_2) + \mathrm{j}\sin(\theta_1 + \theta_2)\big]
\end{aligned}
$$

于是

$$|z_1 \cdot z_2| = |z_1| \cdot |z_2| = r_1 \cdot r_2$$
$$\mathrm{Arg}(z_1 z_2) = \mathrm{Arg}z_1 + \mathrm{Arg}z_2$$

设复数的指数表示式为

$$z_1 = r_1\mathrm{e}^{\mathrm{j}\theta_1}, \quad z_2 = r_2\mathrm{e}^{\mathrm{j}\theta_2}$$

那么

$$z_1 \cdot z_2 = r_1 r_2 \mathrm{e}^{\mathrm{j}(\theta_1 + \theta_2)}$$

同理可得

$$z_1 \cdot z_2 \cdots z_n = r_1 \cdot r_2 \cdots r_n \mathrm{e}^{\mathrm{j}(\theta_1 + \theta_2 + \cdots + \theta_n)}$$

定理二 两个复数的商的模等于它们的模的商；两个复数的商的辐角等于被除数与除数的辐角之差。

证明 根据商的定义，当 $z_1 \neq 0$ 时，$z_2 = \dfrac{z_2}{z_1} z_1$，$|z_2| = \left| \dfrac{z_2}{z_1} \right| |z_1|$

$$\text{Arg } z_2 = \text{Arg}\left(\frac{z_2}{z_1}\right) + \text{Arg } z_1$$

于是

$$\left| \frac{z_2}{z_1} \right| = \frac{|z_2|}{|z_1|}, \quad \text{Arg}\left(\frac{z_2}{z_1}\right) = \text{Arg } z_2 - \text{Arg } z_1$$

设两个复数指数形式为

$$z_1 = r_1 e^{j\theta_1}, \quad z_2 = r_2 e^{j\theta_2}$$

则

$$\frac{z_2}{z_1} = \frac{r_2 e^{j\theta_2}}{r_1 e^{j\theta_1}} = \frac{r_2}{r_1} e^{j(\theta_2 - \theta_1)}$$

2.3.2 复数的幂与根

n 个相同复数 z 的乘积为 z 的 n 次幂，记为 z^n。对于任何正整数 n，有

$$z^n = r^n(\cos n\theta + j\sin n\theta) \tag{2-22}$$

如果定义 $z^{-n} = \dfrac{1}{z^n}$，那么当 n 为负数时，上式仍成立。

当 z 的模 $r = 1$，即 $z = \cos\theta + j\sin\theta$

$$(\cos\theta + j\sin\theta)^n = \cos n\theta + j\sin n\theta \tag{2-23}$$

式(2-23)即为著名的棣莫弗(De Moivre)公式。

例 2-9 用 $\sin\theta$ 及 $\cos\theta$ 表示出 $\sin 3\theta$ 和 $\cos 3\theta$。

解 利用棣莫弗公式，得

$$\cos 3\theta + j\sin 3\theta = (\cos\theta + j\sin\theta)^3$$
$$= \cos^3\theta + 3j\cos^2\theta\sin\theta - 3\cos\theta\sin^2\theta - j\sin^3\theta$$

因此，利用 $\sin^2\theta = 1 - \cos^2\theta$，代入得

$$\cos 3\theta = \cos^3\theta - 3\cos\theta\sin^2\theta = 4\cos^3\theta - 3\cos\theta$$
$$\sin 3\theta = 3\cos^2\theta\sin\theta - \sin^3\theta = 3\sin\theta - 4\sin^3\theta$$

例 2-10 求 $(1-j)^4$。

解 因为

$$1 - j = \sqrt{2}\left[\cos\left(-\frac{\pi}{4}\right) + j\sin\left(-\frac{\pi}{4}\right)\right]$$

所以

$$(1-j)^4 = 4[\cos(-\pi) + j\sin(-\pi)] = -4$$

例 2-11 已知 $z_1 = \sqrt{3} - j$，$z_2 = -\sqrt{3} + j$，求 $\dfrac{z_1^8}{z_2^4}$。

解　因为

$$z_1 = \sqrt{3} - \mathrm{j} = 2\left[\cos\left(-\frac{\pi}{6}\right) + \mathrm{j}\sin\left(-\frac{\pi}{6}\right)\right] \quad z_2 = -\sqrt{3} + \mathrm{j} = 2\left[\cos\left(\frac{5\pi}{6}\right) + \mathrm{j}\sin\left(\frac{5\pi}{6}\right)\right]$$

所以

$$\frac{z_1^8}{z_2^4} = \frac{2^8\left[\cos\left(-\frac{8\pi}{6}\right) + \mathrm{j}\sin\left(-\frac{8\pi}{6}\right)\right]}{2^4\left[\cos\left(\frac{20\pi}{6}\right) + \mathrm{j}\sin\left(\frac{20\pi}{6}\right)\right]}$$

$$= 2^4\left[\cos\left(-\frac{28\pi}{6}\right) + \mathrm{j}\sin\left(-\frac{28\pi}{6}\right)\right] = -8(1 + \sqrt{3}\,\mathrm{j})$$

下面讨论复数方程的求根问题。

设有方程 $w^n = z$，其中 z 为已知的复数，求根 w。

设 $z = r(\cos\theta + \mathrm{j}\sin\theta)$，$w = \rho(\cos\phi + \mathrm{j}\sin\phi)$。根据棣莫弗公式

$$w^n = \rho^n(\cos n\phi + \mathrm{j}\sin n\phi) = r(\cos\theta + \mathrm{j}\sin\theta)$$

于是

$$\rho^n = r, \quad \cos n\phi = \cos\theta, \quad \sin n\phi = \sin\theta$$

显然

$$n\phi = \theta + 2k\pi \quad (k = 0, \pm 1, \pm 2, \cdots)$$

故

$$\rho = r^{1/n}, \quad \phi = \frac{\theta + 2k\pi}{n} \tag{2-24}$$

$$w = \sqrt[n]{z} = r^{1/n}\left(\cos\frac{\theta + 2k\pi}{n} + \mathrm{j}\sin\frac{\theta + 2k\pi}{n}\right) \tag{2-25}$$

当 $k = 0, 1, 2, \cdots, n-1$ 时，得到 n 个相异的根：

$$w_0 = r^{1/n}\left(\cos\frac{\theta}{n} + \mathrm{j}\sin\frac{\theta}{n}\right)$$

$$w_1 = r^{1/n}\left(\cos\frac{\theta + 2\pi}{n} + \mathrm{j}\sin\frac{\theta + 2\pi}{n}\right)$$

$$\vdots$$

$$w_{n-1} = r^{1/n}\left(\cos\frac{\theta + 2(n-1)\pi}{n} + \mathrm{j}\sin\frac{\theta + 2(n-1)\pi}{n}\right)$$

当 k 以其他整数值代入时，这些根又重复出现。例如，$k = n$ 时

$$w_n = r^{1/n}\left(\cos\frac{\theta + 2n\pi}{n} + \mathrm{j}\sin\frac{\theta + 2n\pi}{n}\right) = r^{1/n}\left(\cos\frac{\theta}{n} + \mathrm{j}\sin\frac{\theta}{n}\right) = w_0$$

从几何上看，$\sqrt[n]{z}$ 的 n 个值就是以原点为中心，$r^{1/n}$ 为半径的圆的内接正 n 边形的 n 个顶点。

例 2-12　计算 $\sqrt[4]{1+\mathrm{j}}$ 的值。

解　因为

$$1 + \mathrm{j} = \sqrt{2}\left[\cos\frac{\pi}{4} + \mathrm{j}\sin\frac{\pi}{4}\right]$$

所以

$$\sqrt[4]{1+j} = \sqrt[8]{2}\left[\cos\frac{\frac{\pi}{4}+2k\pi}{4} + j\sin\frac{\frac{\pi}{4}+2k\pi}{4}\right] \quad (k=0,1,2,3)$$

即

$$w_0 = \sqrt[8]{2}\left[\cos\frac{\pi}{16} + j\sin\frac{\pi}{16}\right]$$

$$w_1 = \sqrt[8]{2}\left[\cos\frac{9\pi}{16} + j\sin\frac{9\pi}{16}\right]$$

$$w_2 = \sqrt[8]{2}\left[\cos\frac{17\pi}{16} + j\sin\frac{17\pi}{16}\right]$$

$$w_3 = \sqrt[8]{2}\left[\cos\frac{25\pi}{16} + j\sin\frac{25\pi}{16}\right]$$

2.4 复变函数与映射

2.4.1 复变函数的定义

设 G 是一个复数 $z=x+jy$ 的集合,如果有一个确定的法则存在,根据这一法则,对于集合 G 中的每一个复数 z,就有一个或几个复数 $w=u+jv$ 与之对应,那么称复变数 w 是复变数 z 的函数简称复变函数,记作 $w=f(z)$。z 称为自变量,w 称为因变量。

如果 z 的一个值对应着 w 的一个值,那么称函数 $f(z)$ 是单值的;如果 z 的一个值对应着 w 的两个或两个以上的值,那么称函数 $f(z)$ 是多值的。集合 G 是 $f(z)$ 的定义集合,称为函数的定义域。以后所讨论的函数如无特别声明均为单值函数。

如果给定了一个函数 $z=x+jy$,相当于给定了两个实数 x、y。而复数 $w=u+jv$ 也同样对应实数 u、v。所以复变函数 w 和自变量 z 之间的关系相当于两个关系式:

$$u=u(x,y), \quad v=v(x,y) \tag{2-26}$$

它们确定了自变量为 x 和 y 的两个二元实变函数。

例 2-13 将定义在全平面上的复变函数 $w=z^2+1$ 化为一对二元实变函数。

解 设

$$z=x+jy, \quad w=u+jv$$

代入

$$w=z^2+1$$

得

$$w=u+jv=(x+jy)^2+1=x^2-y^2+1+2jxy$$

比较实部与虚部,得

$$u=x^2-y^2+1$$

$$v=2xy$$

例 2-14　将下列定义在全平面除原点区域上的一对二元实变函数化为一个复变函数。

$$u = \frac{2x}{x^2 + y^2}, \quad v = \frac{y}{x^2 + y^2} \quad (x^2 + y^2 \neq 0)$$

解　设

$$z = x + \mathrm{j}y$$
$$w = u + \mathrm{j}v$$

则

$$w = u + \mathrm{j}v = \frac{2x + \mathrm{j}y}{x^2 + y^2} \tag{2-27}$$

将 $x = \frac{1}{2}(z + \bar{z})$，$y = \frac{1}{2\mathrm{j}}(z - \bar{z})$，$x^2 + y^2 = z\bar{z}$ 代入式(2-27)经整理后，得

$$w = \frac{3}{2\bar{z}} + \frac{1}{2z} \quad (z \neq 0) \quad \blacksquare$$

2.4.2　映射的概念

对于复变函数，由于它反映了两对变量 u、v 和 x、y 之间的对应关系，因而无法用同一平面内的几何图形表示出来，必须看成是两个复平面上的点集之间的对应关系。

如果用 z 平面上的点表示自变量 z 的值，而用另一个平面 w 平面上的点表示函数 w 的值，那么函数 $w = f(z)$ 在几何上就可以看作是把 z 平面上的一个点集 G（定义集合）变到 w 平面上的一个点集 G^*（函数值集合）的映射（或变换）。这个映射通常简称为由函数 $w = f(z)$ 所构成的映射，如图 2-2 所示。

如果 G 中的点 z 被映射 $w = f(z)$ 映射成 G^* 中的点 w，那么 w 称为 z 的象（映像），而 z 称为 w 的原象。

例如，函数 $w = \bar{z}$ 构成的映射，是把 z 平面上的点 $z = a + \mathrm{j}b$ 映射成 w 平面上的点 $w = a - \mathrm{j}b$。如果把 z 平面和 w 平面重叠在一起，不难看出 $w = \bar{z}$ 是关于实轴的一个对称映射，如图 2-3 所示。

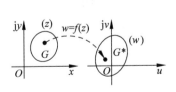

图 2-2　映射的概念

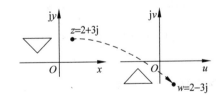

图 2-3　映射 $w = \bar{z}$

再如函数 $w = z^2$ 构成的映射，显然是将 z 平面上的点 $z_1 = \mathrm{j}, z_2 = 1 + 2\mathrm{j}, z_3 = -1$ 映射成 w 平面上的点 $w_1 = -1, w_2 = -3 + 4\mathrm{j}, w_3 = 1$，如图 2-4 所示。

那么根据复数的乘法公式可知，映射 $w = z^2$ 将 z 的辐角增大了一倍。将 z 平面上与实轴交角为 α 的角形域映射成 w 平面上与实轴交角为 2α 的角形域，如图 2-5 所示。

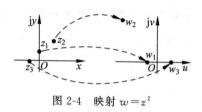

图 2-4　映射 $w=z^2$

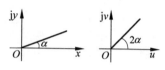

图 2-5　映射 $w=z^2$ 辐角的变化

　　与实变函数一样,复变函数也有反函数的定义。设 $w=f(z)$ 的定义集合为 z 平面上的集合 G,函数值集合为 w 平面上的集合 G^*,那么 G^* 中的每一个点 w 必将对应着 G 中的一个(或几个)点。于是在 G^* 上就确定了一个单值(或多值)函数 $z=\phi(w)$,它称为函数 $w=f(z)$ 的反函数,又称映射 $w=f(z)$ 的逆映射。

　　如果函数(映射)$w=f(z)$ 与它的反函数 $z=\phi(w)$ 都是单值的,那么称函数(映射)$w=f(z)$ 是一一对应的。也称为集合 G 与集合 G^* 是一一对应的。

　　在复变函数中,对"函数""映射"(变换)等名词的使用,没有本质上的区别。今后不再区别函数与映射。

　　例 2-15　在映射 $w=z^2$ 下求下列平面点集在 w 平面上的象。

　　(1) 线段 $0<r<2,\theta=\dfrac{\pi}{4}$;

　　(2) 扇形域 $0<\theta<\dfrac{\pi}{4},0<r<2$。

　　解　(1) 设 $z=r\mathrm{e}^{\mathrm{j}\theta},w=\rho\mathrm{e}^{\mathrm{j}\phi}$,则 $\rho=r^2,\phi=2\theta$。

　　故线段 $0<r<2,\theta=\dfrac{\pi}{4}$ 映射为 $0<\rho<4,\phi=\dfrac{\pi}{2}$,还是线段,如图 2-6 所示。

　　(2) 设 $z=r\mathrm{e}^{\mathrm{j}\theta},w=\rho\mathrm{e}^{\mathrm{j}\phi}$,则 $\rho=r^2,\phi=2\theta$。故扇形域 $0<\theta<\dfrac{\pi}{4},0<r<2$ 映射为 $0<\phi<\dfrac{\pi}{2},0<\rho<4$,仍是扇形域,如图 2-7 所示。

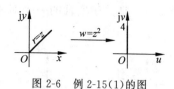

图 2-6　例 2-15(1)的图　　　　　图 2-7　例 2-15(2)的图

　　例 2-16　对于映射 $w=z+\dfrac{1}{z}$,求圆周 $|z|=2$ 的象。

　　解　设

$$z=x+\mathrm{j}y$$
$$w=u+\mathrm{j}v$$

那么有

$$u+\mathrm{j}v=x+\mathrm{j}y+\frac{x-\mathrm{j}y}{x^2+y^2}$$

所以

$$u = x + \frac{x}{x^2 + y^2}$$

$$v = y - \frac{y}{x^2 + y^2}$$

圆周 $|z| = 2$ 的参数方程为

$$\begin{cases} x = 2\cos\theta \\ y = 2\sin\theta \end{cases} \quad 0 \leqslant \theta \leqslant 2\pi$$

所以，象的参数方程为

$$\begin{cases} u = \dfrac{5}{2}\cos\theta \\ v = \dfrac{3}{2}\sin\theta \end{cases} \quad 0 \leqslant \theta \leqslant 2\pi$$

上式表示 w 平面上的椭圆形

$$\frac{u^2}{\left(\dfrac{5}{2}\right)^2} + \frac{v^2}{\left(\dfrac{3}{2}\right)^2} = 1$$

小　　结

1. 复数及其代数运算

(1) 复数的定义

对于任意两实数 x, y，称 $z = x + \mathrm{j}y$ 为复数，其中 x 和 y 分别称为 z 的实部和虚部，记作

$$x = \mathrm{Re}(z), \quad y = \mathrm{Im}(z)$$

当 $x = 0$ 时，$z = \mathrm{j}y$ 称为纯虚数；当 $y = 0$ 时，$z = x + 0\mathrm{j}$，这时 z 就是实数。

(2) 复数四则运算规律

加法交换律　　　　　　　　　　$z_1 + z_2 = z_2 + z_1$

乘法交换律　　　　　　　　　　$z_1 \cdot z_2 = z_2 \cdot z_1$

加法结合律　　　　　　$z_1 + (z_2 + z_3) = (z_1 + z_2) + z_3$

乘法结合律　　　　　　$z_1(z_2 \cdot z_3) = (z_1 \cdot z_2)z_3$

乘法对于加法的分配律　　　$z_1(z_2 + z_3) = z_1 z_2 + z_1 z_3$

2. 复数的表示

(1) 几何表示法

x 轴称为实轴，y 轴称为虚轴，两轴所在的平面称为复平面或 z 平面，这样，复数与复平面上的点一一对应。

(2) 向量表示法或极坐标表示法

向量的长度称为 z 的模或绝对值，记作

$$|z| = r = \sqrt{x^2 + y^2}$$

向量与 x 轴的夹角 θ 称为 z 的辐角,记作

$$\theta = \arctan \frac{y}{x} \quad \text{或} \quad \text{Arg } z = \theta$$

(3)复数的三角表示和指数表示

复数的直角坐标与极坐标的关系如下

$$x = r\cos\theta, \quad y = r\sin\theta$$

复数 z 可以表示为

$$z = r(\cos\theta + \text{j}\sin\theta)$$

该式称为复数的三角表示法。

再利用欧拉公式 $\text{e}^{\text{j}\theta} = \cos\theta + \text{j}\sin\theta$,可得

$$z = r\text{e}^{\text{j}\theta} = |z|\text{e}^{\text{j}\theta}$$

这种形式称为复数的指数表示法。

3. 复数的乘幂与方根

n 个相同复数 z 的乘积为 z 的 n 次幂,记为 z^n。对于任何正整数 n,有

$$z^n = r^n(\cos n\theta + \text{j}\sin n\theta)$$

如果定义 $z^{-n} = 1/z^n$,那么当 n 为负数时,上式仍成立。

当 z 的模 $r = 1$,即 $z = \cos\theta + \text{j}\sin\theta$

$$(\cos\theta + \text{j}\sin\theta)^n = \cos n\theta + \text{j}\sin n\theta$$

上式即为著名的棣莫弗公式。

4. 复变函数与映射定理

设 G 是一个复数 $z = x + \text{j}y$ 的集合,如果有一个确定的法则存在,按照这一法则,对于集合 G 中的每一个复数 z,就有一个或几个复数 $w = u + \text{j}v$ 与之对应,那么称复变数 w 是复变数 z 的函数简称复变函数,记作

$$w = f(z)$$

如果用 z 平面上的点表示自变量 z 的值,而用另一个平面 w 平面上的点表示函数 w 的值,那么函数 $w = f(z)$ 在几何上就可以看作是把 z 平面上的一个点集 G(定义集合)变到 w 平面上的一个点集 G^*(函数值集合)的映射(或变换)。

这个映射通常简称为由函数 $w = f(z)$ 所构成的映射。

如果 G 中的点 z 被映射 $w = f(z)$ 映射成 G^* 中的点 w,那么 w 称为 z 的象(映像),而 z 称为 w 的原象。

习　题

2-1　将下列复数表示为 $x + \text{j}y$ 的形式:

(1) $\left(\dfrac{1-\text{j}}{1+\text{j}}\right)^7$;

(2) $\dfrac{\text{j}}{1-\text{j}}+\dfrac{1-\text{j}}{\text{j}}$。

2-2　计算 $\dfrac{\text{j}-2}{1+\text{j}+\dfrac{\text{j}}{\text{j}-1}}$。

2-3　设 $z_1=5-5\text{j}$, $z_2=-3+4\text{j}$, 求 $\dfrac{z_1}{z_2}$ 与 $\overline{\left(\dfrac{z_1}{z_2}\right)}$。

2-4　设 $z=-\dfrac{1}{\text{j}}-\dfrac{3\text{j}}{1-\text{j}}$, 求 $\text{Re }z$, $\text{Im }z$ 与 $z\cdot\bar{z}$。

2-5　设 $z_1=x_1+\text{j}y_1$, $z_2=x_2+\text{j}y_2$, 证明：$z_1\cdot\bar{z}_2+\bar{z}_1\cdot z_2=2\text{Re}(z_1\cdot\bar{z}_2)$。

2-6　化简：

(1) $\sqrt{5+12\text{j}}$;

(2) $\sqrt{\text{j}}+\sqrt{-\text{j}}$。

2-7　求使下列等式成立的实数 x 和 y。

$$x+\text{j}y=\sqrt{a+b\text{j}}$$

2-8　求 $z=-1+\text{j}\sqrt{3}$ 的三角表示式与指数表示式。

2-9　将下列复数化为三角表示式与指数表示式。

(1) $z=-\sqrt{12}-2\text{j}$;

(2) $z=\sin\dfrac{\pi}{5}+\text{j}\cos\dfrac{\pi}{5}$。

2-10　把复数 $z=1-\cos\alpha+\text{j}\sin\alpha$, $0\leqslant\alpha\leqslant\pi$ 化为三角表示式与指数表示式, 并求 z 的辐角主值。

2-11　已知 $z_1=\dfrac{1}{2}(1-\sqrt{3}\text{j})$, $z_2=\sin\dfrac{\pi}{3}-\text{j}\cos\dfrac{\pi}{3}$, 求 $z_1\cdot z_2$ 和 $\dfrac{z_1}{z_2}$。

2-12　化简 $(1+\text{j})^n+(1-\text{j})^n$。

2-13　计算 $\left(\dfrac{-1-\sqrt{3}\,\text{j}}{-1+\sqrt{3}\,\text{j}}\right)^3$。

2-14　计算：

(1) $\sqrt[3]{1-\text{j}}$;

(2) $\sqrt[6]{-7\text{j}}$。

2-15　解方程 $z^6+1=0$。

2-16　若 n 为自然数, 且 $x_n+\text{j}y_n=(1+\text{j}\sqrt{3})^n$, 求证 $x_{n-1}y_n-x_ny_{n-1}=4^{n-1}\sqrt{3}$。

2-17　函数 $w=z^2$ 可将下列曲线映射成 w 平面上怎样的曲线？

(1) 以原点为中心, 2 为半径, 在第一象限里的圆弧；

(2) 倾角 $\theta=\dfrac{\pi}{3}$ 的直线。

复数的概念与复变函数发展简史

函数论是数学研究中的一个十分重要的领域。其中包括两大分支：一是实变函数论（研究以实数作为自变量的函数），另一个是复变函数论（研究以复数作为自变量的函数）。

1. 复数的概念

复数的概念起源于求方程的根，在二次、三次代数方程的求根中就出现了负数开平方的情况。在很长时间里，人们对这类数不能理解。但随着数学的发展，这类数的重要性就日益显现出来。复数的一般形式是：$a+bj$，其中，j 是虚数单位。

以复数作为自变量的函数称为复变函数，而与之相关的理论就是复变函数论。解析函数是复变函数中一类具有解析性质的函数，复变函数论主要是研究复数域上的解析函数，因此通常也称复变函数论为解析函数论。

2. 复变函数论的发展简况

复变函数论产生于 18 世纪。1774 年，瑞士数学家欧拉在他的一篇论文中考虑了由复变函数的积分导出的两个方程。而比他更早时，法国数学家达朗贝尔在他的关于流体力学的论文中，就已经得到了它们。因此，后来人们提到这两个方程，把它们称为"达朗贝尔-欧拉方程"。到了 19 世纪，上述两个方程在法国数学家柯西和德国数学家黎曼研究流体力学时，做了更详细的研究，所以这两个方程又称"柯西-黎曼条件"。

复变函数论的全面发展是在 19 世纪，就像微积分的直接扩展统治了 18 世纪的数学那样，复变函数这个新的分支统治了 19 世纪的数学。当时的数学家公认复变函数论是最丰饶的数学分支，并且称之为这个世纪的数学享受，也有人称赞它是抽象科学中最和谐的理论之一。

为复变函数论的创建做了最早期工作的是欧拉、达朗贝尔，法国的拉普拉斯随后也研究过复变函数的积分，他们都是创建这门学科的先驱。

后来为这门学科的发展做了大量奠基工作的要算是柯西、黎曼和德国数学家维尔斯特拉斯。20 世纪初，复变函数论又有了很大的进展，维尔斯特拉斯的学生，瑞典数学家列夫勒、法国数学家庞加莱、阿达玛等都做了大量的研究工作，开拓了复变函数论更广阔的研究领域，为这门学科的发展做出了贡献。

复变函数论在应用方面，涉及的面很广，有很多复杂的计算都是用它来解决的。比如物理学上有很多不同的稳定平面场。所谓场，就是每点对应于物理量的一个区域，对它们的计算就是通过复变函数来解决的。

比如俄国的茹科夫斯基在设计飞机的时候，就用复变函数论解决了飞机机翼的结构问题，他在运用复变函数论解决流体力学和航空力学方面的问题上也做出了贡献。

复变函数论不但在其他学科得到了广泛的应用，而且在数学领域的许多分支也都应用了它的理论。复变函数论已经深入到微分方程、积分方程、概率论和数论等学科，对这些学科的发展很有影响。

3. 复变函数论的内容

复变函数论主要包括单值解析函数理论、黎曼曲面理论、几何函数论、留数理论、广义解析函数等方面的内容。

如果当函数的变量取某一定值的时候,函数就有一个唯一确定的值,那么这个函数就称为单值解析函数,多项式就是这样的函数。

复变函数也研究多值函数,黎曼曲面理论是研究多值函数的主要工具。由许多层面安放在一起而构成的一种曲面称为黎曼曲面。利用这种曲面,可以使多值函数的单值枝和枝点概念在几何上有非常直观的表示和说明。对于某一个多值函数,如果能做出它的黎曼曲面,那么,函数在黎曼曲面上就变成单值函数。

黎曼曲面理论是复变函数域和几何间的一座桥梁,能够使我们把比较深奥的函数的解析性质和几何联系起来。近来,关于黎曼曲面的研究还对另一门数学分支拓扑学有比较大的影响,逐渐地趋向于讨论它的拓扑性质。

复变函数论中用几何方法来说明、解决问题的内容,一般称为几何函数论。复变函数可以通过共形映像理论为它的性质提供几何说明。导数处处不是零的解析函数所实现的映像都是共形映像,共形映像又称保角变换。共形映像在流体力学、空气动力学、弹性理论、静电场理论等方面都得到了广泛的应用。

留数理论是复变函数论中一个重要的理论。留数又称残数,它的定义比较复杂。应用留数理论对于复变函数积分的计算比线积分计算方便。计算实变函数定积分,可以化为复变函数沿闭回路曲线的积分后,再用留数基本定理化为被积分函数在闭合回路曲线内部孤立奇点上求留数的计算,当奇点是极点的时候,计算更加简洁。

适当地改变和补充单值解析函数的一些条件,以满足实际研究工作的需要,这种经过改变的解析函数称为广义解析函数。广义解析函数所代表的几何图形的变化称为拟保角变换。解析函数的一些基本性质,只要稍加改变后,同样适用于广义解析函数。

广义解析函数的应用范围很广泛,不但应用在流体力学的研究方面,而且像薄壳理论这样的固体力学部门也在应用。因此,近年来这方面的理论发展十分迅速。

从柯西算起,复变函数论已有 170 多年的历史了。它以其完美的理论与精湛的技巧成为数学的一个重要组成部分。它曾经推动过一些学科的发展,并且常常作为一个有力的工具被应用在实际问题中,它的基础内容已成为理工科很多专业的必修课程。现在,复变函数论中仍然有不少尚待研究的课题,所以它将继续向前发展,并将取得更多应用。

4. 初等代数的基本内容

初等代数是研究数字和文字的代数运算理论和方法,更确切地说,是研究实数和复数,以及以它们为系数的多项式的代数运算理论和方法的数学分支学科。初等代数的基本内容为:三种数——有理数、无理数、复数;三种式——整式、分式、根式;中心内容是方程——整式方程、分式方程、根式方程和方程组。

初等代数的内容大体上相当于现代中学设置的代数课程的内容,但又不完全相同。比如,严格地说,数的概念、排列和组合应归入算术的内容;函数是分析数学的内容;不等式的解法有点像解方程的方法,但不等式作为一种估算数值的方法,本质上是属于分析数学的范围；坐标法是研究解析几何的……这些都只是历史上形成的一种编排方法。初等代数是算术的继续和推广，初等代数研究的对象是代数式的运算和方程的求解。代数运算的特点是只进行有限次的运算。全部初等代数总起来有十条规则。这是学习初等代数需要理解并掌握的要点。

这十条规则包括：

（1）五条基本运算律——加法交换律、加法结合律、乘法交换律、乘法结合律和分配律。

（2）两条等式基本性质——等式两边同时加上一个数，等式不变；等式两边同时乘以一个非零的数，等式不变。

（3）三条指数律——同底数幂相乘，底数不变指数相加；指数的乘方等于底数不变指数相乘；积的乘方等于乘方的积。

初等代数学进一步地向两个方面发展：一方面是研究未知数更多的一次方程组；另一方面是研究未知数次数更高的高次方程。这时候，代数学已由初等代数向着高等代数的方向发展了。

第3章

连续系统时域分析

3.1 常用的控制信号及其运算

常用的控制信号,主要有指数信号、正弦信号与采样信号等。这些信号都属于基本信号。复杂信号可以分解为这些基本信号的加权和或积分的形式。学习这些典型的基本信号知识是控制系统分析的基础。

3.1.1 常用控制系统信号的表示

下面给出一些常用控制信号的表达式和波形。

1. 直流信号

直流信号定义为

$$f(t) = A \quad -\infty < t < \infty \tag{3-1}$$

A 是常数,它是在全时间域上等于恒值的非因果信号。

2. 正弦信号

图 3-1 所示为大家所熟悉的正弦信号,可以表示为

$$f(t) = K \sin(\omega t + \theta) \tag{3-2}$$

正弦信号的变化频率是周期 T 的倒数(单位为 Hz),即

$$f = \frac{1}{T}$$

其角频率 ω(单位为 rad/s)为

$$\omega = 2\pi f = \frac{2\pi}{T}$$

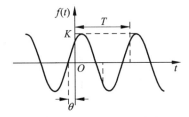

图 3-1 正弦信号

3. 单位阶跃信号

单位阶跃信号用 $\varepsilon(t)$ 表示,其定义为

$$\varepsilon(t) = \begin{cases} 1, & t > 0 \\ 0, & t < 0 \end{cases} \tag{3-3}$$

该函数在 $t=0$ 处发生跃变,数值 1 为阶跃的幅度,若阶跃幅度为 A,则可以记为 $A\varepsilon(t)$。$\varepsilon(t)$ 在跃变点 $t=0$ 处的函数值未定。

延迟 t_0 后发生跃变的单位阶跃信号可表示为

$$\varepsilon(t-t_0)=\begin{cases}1, & t>t_0\\0, & t<t_0\end{cases} \tag{3-4}$$

在负时间域幅值恒定为 1,而在 $t=0$ 处发生跃变到零的阶跃信号可表示为

$$\varepsilon(-t)=\begin{cases}1, & t<0\\0, & t>0\end{cases} \tag{3-5}$$

$\varepsilon(t)$、$\varepsilon(t-t_0)$、$\varepsilon(-t)$ 的波形如图 3-2 所示。

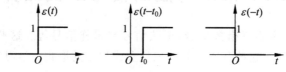

图 3-2　三种阶跃信号的表示

4. 矩形脉冲信号

幅度为 1,脉冲宽度为 τ 的矩形脉冲常用 $g_\tau(t)$ 表示,其定义为

$$g_\tau(t)=\begin{cases}1, & |t|<\dfrac{\tau}{2}\\0, & |t|>\dfrac{\tau}{2}\end{cases} \tag{3-6}$$

其时间波形如图 3-3 所示。由于其形状像一扇门,故称为门函数。借助于阶跃信号,$g_\tau(t)$ 又可表示为阶跃信号的组合,如图 3-4 所示。

$$g_\tau(t)=f_1(t)-f_2(t)=\varepsilon\left(t+\frac{\tau}{2}\right)-\varepsilon\left(t-\frac{\tau}{2}\right)$$

图 3-3　矩形脉冲信号

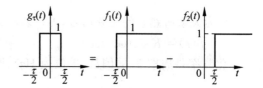

图 3-4　矩形脉冲信号可以表示为阶跃信号组合

例 3-1　试用阶跃信号的组合表示图 3-5 所示的图形。

解　在图 3-5 中,$(0,1)$ 区间函数可以表示为如下的阶跃信号组合

$$\varepsilon(t)-\varepsilon(t-1)$$

$(1,2)$ 区间函数可以表示为如下的阶跃信号组合

$$-[\varepsilon(t-1)-\varepsilon(t-2)]$$

则图 3-5 所示的图形可以表示为

$$f(t)=\varepsilon(t)-\varepsilon(t-1)-[\varepsilon(t-1)-\varepsilon(t-2)]$$
$$=\varepsilon(t)-2\varepsilon(t-1)+\varepsilon(t-2)$$

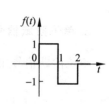

图 3-5　例 3-1 的图

5. 斜坡信号

斜坡信号指的是从某一时刻开始随时间正比例增长的信号。常用 $r(t)$ 表示,其定义为

$$r(t) = \begin{cases} t, & t \geqslant 0 \\ 0, & t < 0 \end{cases} \tag{3-7}$$

也可借助阶跃信号简洁地表示为

$$r(t) = t\varepsilon(t) \tag{3-8}$$

斜坡信号的波形如图 3-6 所示。

6. 符号函数

定义

$$\mathrm{sgn}(t) = \begin{cases} 1, & t > 0 \\ -1, & t < 0 \end{cases} \tag{3-9}$$

符号函数的波形如图 3-7 所示。

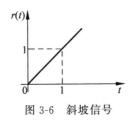

图 3-6　斜坡信号

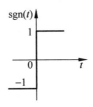

图 3-7　符号函数

阶跃信号也可以由符号函数来表示:

$$\varepsilon(t) = \frac{1}{2}\big[\mathrm{sgn}(t) + 1\big] \tag{3-10}$$

7. 实指数信号

实指数信号定义为

$$f(t) = K\mathrm{e}^{-at} \tag{3-11}$$

在实指数信号中,$\alpha = 0$,$f(t)$ 为直流信号;$\alpha < 0$,$f(t)$ 为指数增长信号;$\alpha > 0$,$f(t)$ 为指数衰减信号,如图 3-8 所示。

在工程中,常用的实指数信号是单边的,其定义为

$$f(t) = K\mathrm{e}^{-at} \quad \alpha > 0, t > 0 \tag{3-12}$$

它是一个因果信号。

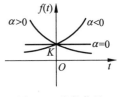

图 3-8　指数信号

8. 复指数信号

设 α 为任意实数,则复指数信号可表示为

$$f(t) = K\mathrm{e}^{st} \quad s = \alpha + \mathrm{j}\omega \tag{3-13}$$

根据欧拉公式,虚指数信号为

$$e^{j\omega t} = \cos\omega t + j\sin\omega t$$
$$e^{-j\omega t} = \cos\omega t - j\sin\omega t$$

从而有

$$\sin\omega t = \frac{1}{2j}(e^{j\omega t} - e^{-j\omega t})$$

$$\cos\omega t = \frac{1}{2}(e^{j\omega t} + e^{-j\omega t})$$

所以,复指数信号可表示为

$$f(t) = Ke^{\alpha t}(\cos\omega t + j\sin\omega t) \tag{3-14}$$

由于复指数信号能概括多种情况,所以可利用它来描述多种基本信号,如直流信号($\alpha=0,\omega=0$)、指数信号($\omega=0,f(t)$为实指数信号)、等幅($\alpha=0,\omega\neq0$)、增幅($\alpha>0,\omega\neq0$)正弦或余弦信号和减幅($\alpha<0,\omega\neq0$)正弦或余弦信号,如图 3-9 所示。因此,它在控制系统分析中经常用到。

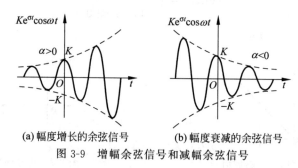

(a) 幅度增长的余弦信号 (b) 幅度衰减的余弦信号

图 3-9 增幅余弦信号和减幅余弦信号

9. 采样函数

采样函数(sampling function)定义为

$$Sa(t) = \frac{\sin t}{t} \tag{3-15}$$

该函数曲线如图 3-10 所示。

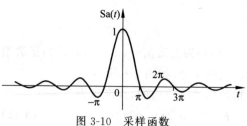

图 3-10 采样函数

观察可知,该函数有下列特点:

(1) $Sa(t)$为偶函数,因为它是$\frac{1}{t}$和 $\sin t$ 两奇函数的乘积;

(2) 当 $t=0$ 时,$Sa(0)=\lim\limits_{t\to0}\dfrac{\sin t}{t}=1$,且为最大值;

(3) 曲线呈衰减振荡,从 $-\pi$ 到 π 的"主瓣"宽度为 2π,当 $t=\pm\pi,\pm2\pi,\cdots$ 时 $Sa(t)=0$;

(4) $\int_0^\infty \text{Sa}(t)\mathrm{d}t = \dfrac{\pi}{2}$, $\int_{-\infty}^\infty \text{Sa}(t)\mathrm{d}t = \pi$。

有时会用到函数 $\text{sin}c(t)$，其定义为 $\text{sin}c(t) = \dfrac{\sin \pi t}{\pi t} = \text{Sa}(\pi t)$。

10. 单位冲激信号 $\delta(t)$

单位冲激信号 $\delta(t)$ 是一个特殊信号，它不是用普通的函数来定义的。这些将在 3.5 节详细介绍。

3.1.2 信号的基本运算

1. 相加与相乘

相加与相乘是信号处理的基本运算。两个信号相加（相乘）可得到一个新的信号，它在任意时刻的值等于两个信号在该时刻的值之和（积）。信号相加与相乘运算可以通过信号的波形或信号的表达式进行。

设有如图 3-11 所示的信号 $f_1(t)$ 和 $f_2(t)$，则信号 $f_1(t) + f_2(t)$ 的波形如图 3-12 所示；信号 $f_1(t)$ 和 $f_2(t)$ 相乘的波形如图 3-13 所示。

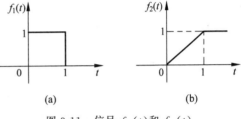

图 3-11 信号 $f_1(t)$ 和 $f_2(t)$

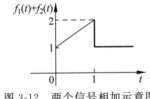

图 3-12 两个信号相加示意图

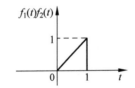

图 3-13 两个信号相乘示意图

2. 反转（褶）与延时

信号的反转（或反褶）是将信号 $f(t)$ 的自变量 t 换为 $-t$，可得到另一个信号 $f(-t)$。从图形上看，将 $f(t)$ 的波形以纵坐标为轴反转 $180°$，即成为 $f(-t)$。

将信号 $f(t)$ 的自变量 t 换为 $t \pm t_0$，t_0 为正实常数，则可得到另一个信号 $f(t \pm t_0)$。从图形上看，即把 $f(t)$ 的波形沿时间轴整体平移（延时）t_0 个单位。$f(t - t_0)$ 表示向右平移 t_0，$f(t + t_0)$ 表示向左平移 t_0。

例 3-2 信号 $f(t)$ 如图 3-14 所示，试画出下列信号的波形：

(1) $f(-t)$；

(2) $f(t+1)$。

解

(1) 信号 $f(-t)$ 为信号 $f(t)$ 的反转，所以 $f(-t)$ 的波形如图 3-15 所示。

(2) 信号 $f(t+1)$ 可由信号 $f(t)$ 向左平移 1 得到，波形如图 3-16 所示。

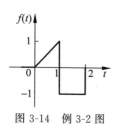

图 3-14   例 3-2 图

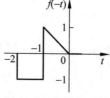

图 3-15   信号的反转

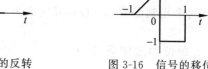

图 3-16   信号的移位

3. 尺度变换

将信号 $f(t)$ 的自变量 t 换为 αt，α 为正实常数，则信号 $f(\alpha t)$ 将在时间尺度上压缩或扩展，这称为信号的尺度变换。

若 $0 < \alpha < 1$，意味着原信号从原点沿 t 轴扩展；

若 $1 < \alpha$，意味着原信号从原点沿 t 轴压缩(幅值不变)。

例 3-3   信号 $f(t)$ 如图 3-14，试画出 $f\left(\dfrac{t}{2}\right)$ 的图形。

解   在信号 $f\left(\dfrac{t}{2}\right)$ 中，$\alpha = \dfrac{1}{2}$，意味着可由信号 $f(t)$ 从原点沿 t 轴扩展得到。$f\left(\dfrac{t}{2}\right)$ 的波形如图 3-17 所示。■

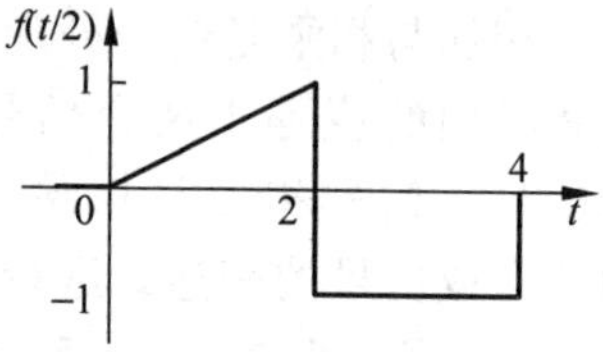

图 3-17   信号的尺度变换

信号的尺度展缩在信息的存储、压缩和解压缩技术方面应用很广。如 $f(t)$ 是已录制好的音乐信号磁带，则 $f(2t)$ 是以原声的 2 倍速度播放；$f\left(\dfrac{t}{2}\right)$ 以原声的一半速度播放。

4. 微分与积分

信号 $f(t)$ 的微分表示为

$$y(t) = \frac{\mathrm{d}f(t)}{\mathrm{d}t} = f'(t) = f^{(1)}(t)$$

$f(t)$ 的积分表示为

$$y(t) = \int_{-\infty}^{t} f(\tau)\mathrm{d}\tau = f^{(-1)}(t)$$

式中，τ 为积分变量。

例如，对于斜坡函数，其导数为阶跃函数，即

$$r'(t) = \varepsilon(t) \tag{3-16}$$

反之，单位阶跃函数的积分为斜坡函数，即

$$r(t) = \int_{-\infty}^{t} \varepsilon(\tau)\mathrm{d}\tau = t\varepsilon(t) \tag{3-17}$$

再如，对于图 3-18(a)所示的信号，可表示为

$$f(t) = \begin{cases} \dfrac{1}{2}t + 1, & -2 \leqslant t \leqslant 0 \\[2mm] -\dfrac{1}{2}t + 1, & 0 \leqslant t \leqslant 2 \end{cases}$$

则其微分如图 3-18(b)所示。

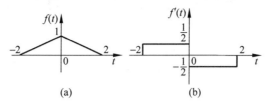

图 3-18 信号的微分

对于图 3-19(a)所示的信号,可表示为

$$f(t) = \begin{cases} 1, & 0 \leqslant t \leqslant 1 \\ 0, & t > 1 \end{cases}$$

则其积分

$$y(t) = \int_0^t 1 \mathrm{d}\tau = t \quad 0 \leqslant t \leqslant 1$$

当 $t > 1$ 时,有

$$y(t) = y(1) + \int_1^t f(\tau)\mathrm{d}\tau = 1 + 0 = 1$$

积分结果如图 3-19(b)所示。

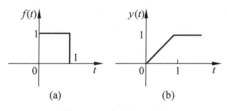

图 3-19 信号的积分

例 3-4 已知 $f(t)$ 的波形如图 3-20,画出 $f'(t)$ 的波形。

解 对于图 3-20 所示的信号,可表示为

$$f(t) = \begin{cases} 2t, & 0 \leqslant t < 1 \\ 2, & 1 \leqslant t < 4 \\ -2t + 10, & 4 \leqslant t \leqslant 5 \end{cases}$$

则其微分如图 3-21 所示。

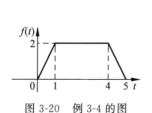

图 3-20 例 3-4 的图

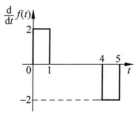

图 3-21 例 3-4 的结果

3.2 时域数学模型——微分方程

在控制系统中,要研究各种物理量的变化,必须把它们彼此之间相互作用的关系和各自的变化规律用数学的形式描述出来,这就是为某一系统建立数学模型。建立控制系统的数学模型,是控制理论的基础。

对于线性时不变(LTI)控制系统来说,描述这类系统输入输出特性,常用的数学模型是常系数线性微分方程。对线性时不变控制系统,假设其激励信号为 $f(t)$,响应信号是 $y(t)$,如图 3-22 所示,那么它们之间的关系可以用下列形式的 n 阶微分方程式来描述

$$a_n y^{(n)}(t) + a_{n-1} y^{(n-1)}(t) + \cdots + a_1 y'(t) + a_0 y(t)$$
$$= b_m f^{(m)}(t) + b_{m-1} f^{(m-1)}(t) + \cdots + b_1 f'(t) + b_0 f(t) \tag{3-18}$$

这种 n 阶常系数线性微分方程是控制系统时域分析的基础。

从系统的模型(微分方程)出发,在时域中研究输入信号进入系统后其输出响应的变化规律,是研究时域特性的重要方法,这种方法就是时域分析法。由于时域分析法不涉及任何变换,直接求解系统的微分方程式,所以这种方法比较直观,物理概念比较清楚,是学习各种变换域方法的基础。

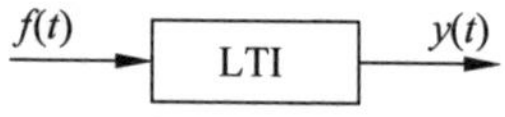

图 3-22 线性时不变系统
输入输出关系

线性时不变系统微分方程的建立要根据实际系统的物理特性列写。对于电路系统,主要是根据元件特性约束和网络拓扑约束列写系统的微分方程。元件特性约束就是表征元件特性的关系式,例如二端元件电阻、电容、电感各自的电压与电流的关系(伏安关系)等;网络拓扑约束就是由网络结构决定的电压电流约束关系。

对任一节点,有

$$\text{KCL:} \quad \sum i(t) = 0 \tag{3-19}$$

对任一回路,有

$$\text{KVL:} \quad \sum u(t) = 0 \tag{3-20}$$

这里先简单回顾元件端口的电压与电流约束关系。

电阻(见图 3-23)电压与电流之间的关系:

$$i_R(t) = \frac{u_R(t)}{R} \tag{3-21}$$

电容(见图 3-24)电压与电流之间的关系:

$$u_C(t) = \frac{1}{C} \int_{-\infty}^{t} i_C(\tau) d\tau \tag{3-22}$$

$$i_C(t) = C \frac{du_C(t)}{dt} \tag{3-23}$$

电感(见图 3-25)电压与电流之间的关系:

$$u_L(t) = L \frac{di_L(t)}{dt} \tag{3-24}$$

$$i_L(t) = \frac{1}{L} \int_{-\infty}^{t} u_L(\tau) d\tau \tag{3-25}$$

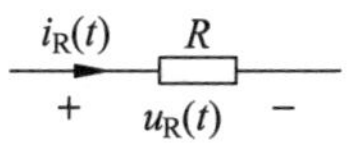

图 3-23 电阻元件 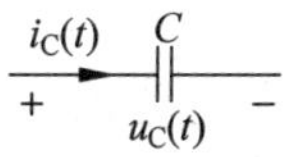   图 3-24 电容元件 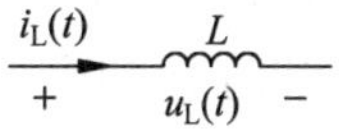   图 3-25 电感元件

下面通过几个例子,说明系统微分方程的建立方法。

对于如图 3-26 所示的 RC 电路,有微分方程

$$RC \frac{\mathrm{d}u_C(t)}{\mathrm{d}t} + u_C(t) = u_s(t)$$

即

$$u'_C(t) + \frac{1}{RC}u_C(t) = \frac{1}{RC}u_s(t) \tag{3-26}$$

对于如图 3-27 所示的 RL 电路,有

$$\frac{L}{R} \frac{\mathrm{d}i_L(t)}{\mathrm{d}t} + i_L(t) = i_s(t)$$

即

$$i'_L(t) + \frac{R}{L}i_L(t) = \frac{R}{L}i_s(t) \tag{3-27}$$

式(3-26)和式(3-27)都为一阶微分方程。

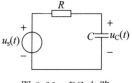

图 3-26 RC 电路

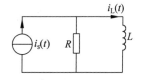

图 3-27 RL 电路

例如,求图 3-28 所示电路的端电压 $u(t)$ 与激励 $i_s(t)$ 间的关系。

电阻关系

$$i_R(t) = \frac{1}{R}u(t)$$

电感关系

$$i_L(t) = \frac{1}{L} \int_{-\infty}^{t} u(\tau)\mathrm{d}\tau$$

电容关系

$$i_C(t) = C \frac{\mathrm{d}u(t)}{\mathrm{d}t}$$

根据 KCL,应有

$$i_R(t) + i_L(t) + i_C(t) = i_s(t)$$

代入上面电阻、电感、电容的伏安特性关系式,并化简有

$$C \frac{\mathrm{d}^2 u(t)}{\mathrm{d}t^2} + \frac{1}{R} \frac{\mathrm{d}u(t)}{\mathrm{d}t} + \frac{1}{L}u(t) = \frac{\mathrm{d}i_s(t)}{\mathrm{d}t} \tag{3-28}$$

这是一个二阶微分方程。

再看一个例子。图 3-29 为直流他励电动机示意图。在电磁方面,它的运动服从下列方程

$$U - E_a = L_a \frac{dI_a}{dt} + R_a I_a \tag{3-29}$$

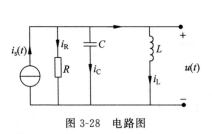

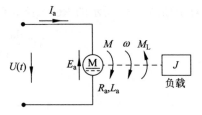

图 3-28　电路图　　　　　图 3-29　直流他励电动机示意图

U 为外加的电枢电压,E_a 是电枢电势,I_a 是电枢电流,L_a、R_a 分别是电枢电路内的总电感和总电阻。在机械方面,其运动服从下列方程

$$M - M_L = J \frac{d\omega}{dt} \tag{3-30}$$

M 为电磁力矩,M_L 是电动机轴上的反向力矩(包括负载、摩擦等),J 是整个旋转部分的总转动惯量,ω 是电动机轴的角速度。

还有两个电量和机械量联系起来的方程

$$E_a = k_d \omega \tag{3-31}$$

$$M = k_d I_a \tag{3-32}$$

其中,k_d 为电动机的比例系数。

$$k_d = \frac{pN}{2\pi a} \phi_d \tag{3-33}$$

其中,p 是电动机的极对数,N 是匝数,a 是电枢绕组的支路数,ϕ_d 是每磁极下的磁通量。

式(3-29)～式(3-33)是直流他励电动机的数学模型。如果主要注意电动机转速的变化,也就是把 ω 看做输出量,而把 E_a、I_a、M 看做中间量,则可以从上面的方程中消去 E_a、I_a、M,而得到一个含有 ω 的微分方程

$$T_a T_m \frac{d^2\omega}{dt^2} + T_m \frac{d\omega}{dt} + \omega = \frac{1}{k_d} U - \frac{R_a}{k_d^2} \left(T_a \frac{dM_L}{dt} + M_L \right) \tag{3-34}$$

其中,$T_a = \dfrac{L_a}{R_a}$ 称为电磁时间常数,$T_m = \dfrac{JR_a}{k_d^2}$ 称为机电时间常数。

对于式(3-18)的 n 阶微分方程而言,其完全解由两部分组成——齐次解和特解。齐次解应满足

$$a_n \frac{d^n y(t)}{dt^n} + a_{n-1} \frac{d^{n-1} y(t)}{dt^{n-1}} + \cdots + a_1 \frac{dy(t)}{dt} + a_0 y(t) = 0 \tag{3-35}$$

特征方程为

$$a_n \lambda^n + a_{n-1} \lambda^{n-1} + \cdots + a_1 \lambda + a_0 = 0 \tag{3-36}$$

(1) 特征根为单根,微分方程的齐次解为

$$y_h(t) = A_1 e^{\lambda_1 t} + A_2 e^{\lambda_2 t} + \cdots + A_n e^{\lambda_n t} \tag{3-37}$$

(2) 特征根有重根,假设 λ_1 是特征方程的 k 重根,那么,在齐次解中,相应于 λ_1 的部分将有 k 项

$$(A_1 t^{k-1} + A_2 t^{k-2} + \cdots + A_{k-1} t + A_k) e^{\lambda_1 t} \tag{3-38}$$

(3) 若 λ_1、λ_2 为共轭复根,即 $\lambda_{1,2} = \alpha \pm j\beta$,那么,在齐次解中,相应于 λ_1、λ_2 的部分为

$$e^{\alpha t}(A_1 \cos\beta t + A_2 \sin\beta t) \tag{3-39}$$

例 3-5 求下列微分方程的齐次解。

$$\frac{d^3 y(t)}{dt^3} + 7 \frac{d^2 y(t)}{dt^2} + 16 \frac{dy(t)}{dt} + 12 y(t) = x(t)$$

解 特征方程为

$$\lambda^3 + 7\lambda^2 + 16\lambda + 12 = (\lambda + 2)^2 (\lambda + 3) = 0$$

特征根

$$\lambda_1 = \lambda_2 = -2 (重根), \quad \lambda_3 = -3$$

齐次解

$$y_h(t) = A_1 t e^{-2t} + A_2 e^{-2t} + A_3 e^{-3t}$$ ■

特解 $y_p(t)$ 的函数形式与激励函数的形式有关。将激励信号代入微分方程的右端,代入后的函数式称为"自由项"。通常,由观察自由项试选特解函数式,代入方程后求得特解函数式中的待定系数(比较系数),即可求出特解。表 3-1 列出了几种典型自由项函数相应的特解。

表 3-1 几种典型自由项函数相应的特解

激励函数 $f(t)$	响应函数 $y(t)$ 的特解
E(常数)	B(常数)
t^p(多项式)	$B_1 t^p + B_2 t^{p-1} + \cdots + B_p t + B_{p+1}$(多项式)
$e^{\alpha t}$	$B t^k e^{\alpha t}$(当 α 是 k 重特征根时)
$\cos\omega t$ 或 $\sin\omega t$	$B_1 \cos\omega t + B_2 \sin\omega t$

完全解就是齐次解加特解,由初始条件定出齐次解系数 A_k。

例 3-6 已知 $y(0) = y'(0) = 0$,求以下微分方程的完全解。

$$\frac{d^2}{dt^2} y(t) + 6 \frac{d}{dt} y(t) + 5 y(t) = e^{-t}$$

解 齐次方程为

$$\frac{d^2}{dt^2} y(t) + 6 \frac{d}{dt} y(t) + 5 y(t) = 0$$

特征方程为

$$\lambda^2 + 6\lambda + 5 = 0$$

特征根为

$$\lambda_1 = -5, \quad \lambda_2 = -1$$

则该方程的齐次解为

$$y_h(t) = A_1 e^{-5t} + A_2 e^{-t}$$

注意,此时不要去解 A_1 和 A_2,留待特解求得后再去解决。

激励函数中 $\alpha = -1$,与微分方程的一个特征根相同,查表 3-1 可得特解的形式为

$$y_p(t) = Cte^{-t}$$

代入原微分方程得

$$\frac{d^2}{dt^2}(Cte^{-t}) + 6\frac{d}{dt}(Cte^{-t}) + 5(Cte^{-t}) = e^{-t}$$

求得

$$C = \frac{1}{4}$$

所以特解为

$$y_p(t) = \frac{1}{4}te^{-t}$$

完全解为

$$y(t) = y_h(t) + y_p(t) = A_1 e^{-5t} + A_2 e^{-t} + \frac{1}{4}te^{-t}$$

代入初始条件

$$y(0) = y'(0) = 0$$

求得

$$A_1 = \frac{1}{16}, \quad A_2 = -\frac{1}{16}$$

所以有

$$y(t) = \left(\frac{1}{16}e^{-5t} - \frac{1}{16}e^{-t} + \frac{1}{4}te^{-t}\right) \quad t > 0$$

3.3 系统的时域响应

系统时域响应是指在典型输入信号作用下,系统的输出量或信号。在时域经典法求解系统的完全响应时,一种广泛应用的分解方法是把响应分为零输入响应(Zero-Input Response,ZIR)和零状态响应(Zero-State Response,ZSR)两部分,即

$$y(t) = y_{zi}(t) + y_{zs}(t) \tag{3-40}$$

零输入响应(ZIR)的定义为:从观察的初始时刻(例如 $t=0$)起不再施加输入信号(即零输入),仅由该时刻系统本身具有的起始状态引起的响应称为零输入响应(或储能响应)。

起始状态反映的是一个系统在初始观测时刻(如 $t=0$)的能量状态。例如在电系统中,电容和电感在 $t=0$ 时的值 $u_C(0_-)$ 和 $i_L(0_-)$ 称为起始状态,而把 $t=0$ 时的值 $u_C(0_+)$ 和 $i_L(0_+)$ 以及它们的各阶导数称为初始值(初始条件)。

设电路如图 3-30 所示。在 $t<0$ 时,开关 S_1 一直闭合,因而电容 C 被电源充电到电压 U_0。在 $t=0$ 时,开关 S_1 打开而开关 S_2 同时闭合,假定开关动作瞬时完成。开关的动作常称为"换路"。通过换路,可以得到图 3-31 所示的电路。于是在电容储能的作用下,在 $t \geq 0$ 时电路中虽然没有电源,仍可以有电流、电压存在,构成零输入响应。

一般情况下,换路期间电容两端的电压和流过电感中的电流不会发生突变。这就是在电路分析中的换路定则

$$u_C(0_-) = u_C(0_+), \quad i_L(0_-) = i_L(0_+)$$

零状态响应(ZSR)的定义为:当电路中储能状态为零时,由外加激励信号产生的响应(电压或电流)称为零状态响应(或受激响应)。

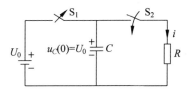 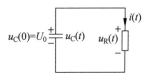

图 3-30 已充电的电容与电阻连接 图 3-31 $t \geqslant 0$ 的电路

系统零输入响应,实际上是求系统方程的齐次解,由非零的系统状态值决定的初始值求出待定系数。下面通过例子来看零输入响应的求法。

例 3-7 求系统 $\dfrac{d^2}{dt^2}y(t) + 3\dfrac{d}{dt}y(t) + 2y(t) = 0$,$y(0_-)=1$,$y'(0_-)=2$ 的零输入响应。

解 特征方程为

$$\lambda^2 + 3\lambda + 2 = 0$$

特征根为

$$\lambda_1 = -1, \quad \lambda_2 = -2$$

零输入响应为

$$y_{zi}(t) = C_1 e^{-t} + C_2 e^{-2t}$$

由起始条件

$$\begin{cases} y(0_-) = C_1 + C_2 = 1 \\ y'(0_-) = -C_1 - 2C_2 = 2 \end{cases}$$

得

$$C_1 = 4 \quad C_2 = -3$$

零输入响应为

$$y_{zi}(t) = (4e^{-t} - 3e^{-2t})\varepsilon(t)$$ ■

系统零状态响应是在激励作用下求系统方程的非齐次解,由状态值 $u_C(0_-)$,$i_L(0_-)$ 为零决定的初始值求出待定系数。零状态响应解的形式为齐次解加特解,即

$$y_{zs}(t) = \sum_{i=1}^{n} C_i e^{\lambda_i t} + y_p(t) \tag{3-41}$$

特解的求法按表 3-1。由初始条件求待定系数 $C_i (i=1,2,\cdots,n)$。

下面以具体例子说明求解过程。

例 3-8 某一阶 RC 电路,以电容电压 $u_C(t)$ 为变量的微分方程为

$$C\frac{du_C(t)}{dt} + \frac{1}{R}u_C(t) = I_s$$

I_s 为常量,初始条件为 $u_C(0)=0$。求解 $u_C(t)$。

解 此例实际是求零状态响应 $u_C(t)$。这是一个一阶非齐次微分方程,它的通解是

$$u_C = u_{Ch} + u_{Cp}$$

其中,u_{Ch} 为对应的齐次方程的通解,u_{Cp} 为非齐次方程的特解。

对应的齐次方程的通解为

$$u_{Ch} = K e^{-\frac{1}{RC}t} \quad t \geqslant 0$$

设特解为

$$u_{Cp} = Q$$

代入方程,解得

$$u_{Cp} = Q = RI_s \quad t \geqslant 0$$

则非齐次方程的通解为

$$u_C = K e^{-\frac{1}{RC}t} + RI_s$$

代入初始条件 $u_C(0)=0$,得

$$u_C(0) = K + RI_s = 0$$

所以

$$K = -RI_s$$

即零状态响应

$$u_C(t) = -RI_s e^{-\frac{1}{RC}t} + RI_s = RI_s(1 - e^{-\frac{1}{RC}t}) \quad t \geqslant 0$$

例 3-9 电路如图 3-32 所示。

设 $R=5\Omega$,$L=1\mathrm{H}$,$C=1/6\mathrm{F}$,$i_s(t)=4\mathrm{A}$,$u_C(0_-)=1\mathrm{V}$,$i(0_-)=0.2\mathrm{A}$,电感电流 $i(t)$ 为响应。求零输入响应、零状态响应和全响应。

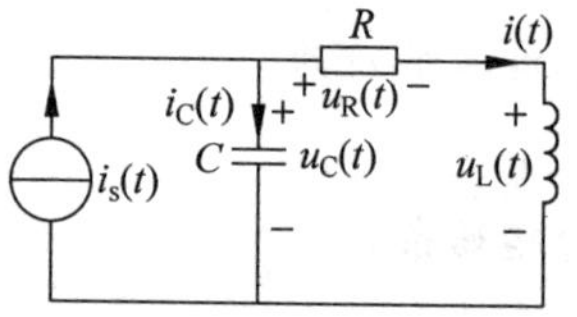

图 3-32 例 3-9 的电路

解 以电感中电流 $i(t)$ 为响应列微分方程。由于

$$\text{KCL}: i_C(t) = i_s(t) - i(t)$$

$$\text{KVL}: u_L(t) = u_C(t) - u_R(t)$$

$$\text{VCR}: u_L(t) = L\frac{\mathrm{d}i(t)}{\mathrm{d}t}, \quad u_C(t) = \frac{1}{C}\int_{-\infty}^{t} i_C(\tau)\mathrm{d}\tau, \quad u_R(t) = Ri(t)$$

联合以上各式,有

$$L\frac{\mathrm{d}i(t)}{\mathrm{d}t} = u_C(t) - Ri(t) \tag{3-42}$$

$$u_C(t) = \frac{1}{C}\int_{-\infty}^{t} [i_s(\tau) - i(\tau)]\mathrm{d}\tau \tag{3-43}$$

把式(3-43)代入式(3-42),并求导一次,整理可得

$$i''(t) + \frac{R}{L}i'(t) + \frac{1}{LC}i(t) = \frac{1}{LC}i_s(t) \tag{3-44}$$

代入元件的参数,得

$$i''(t) + 5i'(t) + 6i(t) = 6i_s(t)$$

(1) 求零输入响应

令上式中 $i_s(t)=0$,有齐次方程

$$i''(t)+5i'(t)+6i(t)=0$$

它的特征方程为

$$\lambda^2+5\lambda+6=0$$

特征根为

$$\lambda_1=-2, \quad \lambda_2=-3$$

所以零输入响应为

$$i_{zi}(t)=A_1e^{-2t}+A_2e^{-3t} \tag{3-45}$$

为求系数 A_1 和 A_2,必须由起始状态导出初始值。因该系统中,$u_C(0_+)=u_C(0_-)$,$i(0_+)=i(0_-)$,故零输入响应的初始值为

$$i_{zi}(0_+)=i(0_-)=0.2\text{A}$$

$$i'_{zi}(0_+)=\frac{\mathrm{d}i_{zi}}{\mathrm{d}t}\Big|_{t=0_+}=\frac{1}{L}[-Ri_{zi}(0_+)+u_C(0_+)]=0$$

在式(3-45)及其导数的关系式中令 $t=0_+$,并代入以上值,得

$$i_{zi}(0_+)=A_1+A_2=0.2\text{A}$$

$$i'_{zi}(0_+)=-2A_1-3A_2=0$$

解得

$$A_1=0.6, \quad A_2=-0.4$$

代回式(3-45),得零输入响应

$$i_{zi}(t)=0.6e^{-2t}-0.4e^{-3t} \quad t\geqslant 0$$

(2) 求零状态响应

当 $i_s(t)=4\text{A}$ 时,系统的零状态响应是方程

$$i''(t)+5i'(t)+6i(t)=24$$

的解,该解由两部分组成,即

$$i_{zs}(t)=\underbrace{i_h}_{\text{齐次解}}+\underbrace{i_p}_{\text{特解}}$$

齐次解形式为

$$i_h(t)=B_1e^{-2t}+B_2e^{-3t}$$

特解的形式与激励相同,因激励为直流,可设 i_p 为常量,令

$$i_p=I$$

代入原方程,得

$$i_p=4\text{A}$$

故零状态响应可写为

$$i_{zs}(t)=B_1e^{-2t}+B_2e^{-3t}+4 \tag{3-46}$$

需要注意的是,上式的待定系数 B_1 和 B_2 应由在 $u_C(0_-)=0,i(0_-)=0$ 的条件下导出的 0_+ 初始值 $i_{zs}(0_+)$ 和 $i'_{zs}(0_+)$ 决定。由题意得 $u_C(0_+)=u_C(0_-)=0$,且

$$i_{zs}(0_+)=0$$

$$i'_{zs}(0_+) = \frac{1}{L}[-Ri_{zs}(0_+) + u_C(0_+)] = 0$$

在式(3-46)及其导数的关系式中,令 $t=0$,并代入以上值,得

$$\begin{cases} i_{zs}(0_+) = B_1 + B_2 + 4 = 0 \\ i'_{zs}(0_+) = -2B_1 - 3B_2 = 0 \end{cases}$$

解得

$$B_1 = -12, \quad B_2 = 8$$

从而得零状态响应为

$$i_{zs}(t) = -12e^{-2t} + 8e^{-3t} + 4 \quad t \geq 0$$

系统的全响应为零输入响应和零状态响应的叠加,即

$$i(t) = \underbrace{0.6e^{-2t} - 0.4e^{-3t}}_{\text{零输入响应}} \underbrace{-12e^{-2t} + 8e^{-3t} + 4}_{\text{零状态响应}} = \underbrace{-11.4e^{-2t} + 7.6e^{-3t}}_{\substack{\text{自由响应} \\ \text{(瞬态响应)}}} + \underbrace{4}_{\substack{\text{强迫响应} \\ \text{(稳态响应)}}}$$

系统响应的不同分类基于不同的概念。

把响应分为零输入响应和零状态响应,是按响应的不同起因分类的,即零输入响应是起始状态引起,零状态响应是外加激励引起。

把响应分为自由响应和强迫响应,是按系统的性质和输入信号的形式分类的,即自由响应的变化规律取决于系统的特征根(或固有频率),强迫响应则取决于外加激励的形式。把响应分为瞬态响应和稳态响应,是按响应的变化形式分类的,即随着 t 的增长,响应最终趋于零的分量称为瞬态响应,若响应恒定或保持为某个稳态函数,则称为稳态响应。

3.4 阶 跃 响 应

在控制系统的分析中,经常引用阶跃信号作为激励信号,于是定义由单位阶跃信号引起的零状态响应称为单位阶跃响应,简称阶跃响应,记为 $s(t)$。如果阶跃信号的幅度为 A,则系统的阶跃响应为 $As(t)$。

图 3-33 为上述定义的直观示意图。

图 3-33 阶跃响应的示意图

一般地,若一阶系统在 $\varepsilon(t)$ 作用下其方程为

$$y'(t) + ay(t) = K\varepsilon(t)$$

则阶跃响应为

$$s(t) = \frac{K}{a}(1 - e^{-at})\varepsilon(t) \tag{3-47}$$

例 3-10 求图 3-34 所示的零状态 RL 电路在图 3-35 所示脉冲电压作用下的电流 $i(t)$。已知 $L=1\text{H}, R=1\Omega$。

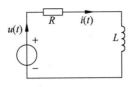

图 3-34　RL 电路

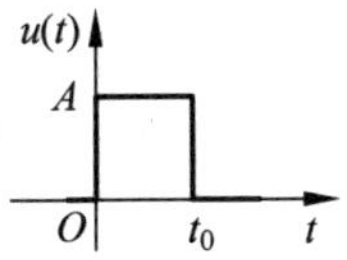

图 3-35　脉冲电压

解　电压 $u(t)$ 可以分解为两个阶跃信号之和，但幅度为 A，即
$$u(t) = A\varepsilon(t) - A\varepsilon(t - t_0)$$

电路的微分方程为
$$L \frac{\mathrm{d}i(t)}{\mathrm{d}t} + Ri(t) = u(t)$$

整理得
$$\frac{\mathrm{d}i(t)}{\mathrm{d}t} + \frac{R}{L}i(t) = \frac{1}{L}u(t)$$

在 $A\varepsilon(t)$ 作用下的响应由式(3-47)得
$$s_1(t) = i_1(t) = \frac{A}{R}(1 - \mathrm{e}^{-\frac{Rt}{L}})\varepsilon(t) = A(1 - \mathrm{e}^{-t})\varepsilon(t)$$

在 $-A\varepsilon(t - t_0)$ 作用下的响应是
$$s_2(t) = i_2(t) = -\frac{A}{R}(1 - \mathrm{e}^{-\frac{R(t-t_0)}{L}})\varepsilon(t) = -A(1 - \mathrm{e}^{-(t-t_0)})\varepsilon(t - t_0)$$

所以
$$i(t) = s(t) = i_1(t) + i_2(t) = A(1 - \mathrm{e}^{-t})\varepsilon(t) - A(1 - \mathrm{e}^{-(t-t_0)})\varepsilon(t - t_0)$$

例 3-11　设有二阶系统方程
$$y''(t) + 3y'(t) + 2y(t) = \varepsilon(t)$$

在零状态下，即 $y(0_-) = 0$，$y'(0_-) = 0$，求阶跃响应 $s(t)$。

解　因为方程右端无冲激，故响应及其各阶导数不可能产生状态的跳变，即应有
$$y(0_+) = y(0_-) = 0$$
$$y'(0_+) = y'(0_-) = 0$$

系统特征方程的根为
$$\lambda_1 = -1, \quad \lambda_2 = -2$$

故系统齐次方程的通解形式为
$$y_\mathrm{h}(t) = B_1 \mathrm{e}^{-t} + B_2 \mathrm{e}^{-2t}$$

对于阶跃输入，方程的特解形式为常数，令
$$y_\mathrm{p}(t) = K$$

代入原方程，可得
$$K = \frac{1}{2}$$

系统的解为
$$y(t) = y_\mathrm{h}(t) + y_\mathrm{p}(t) = B_1 \mathrm{e}^{-t} + B_2 \mathrm{e}^{-2t} + \frac{1}{2}$$

进而

$$y'(t) = -B_1 e^{-t} - 2B_2 e^{-2t}$$

由于 $y(0_+) = y'(0_+) = 0$，代入以上两式得

$$\begin{cases} B_1 + B_2 + \dfrac{1}{2} = 0 \\ -B_1 - 2B_2 = 0 \end{cases}$$

解得

$$B_1 = -1, \quad B_2 = \frac{1}{2}$$

最后得阶跃响应

$$y(t) = s(t) = \frac{1}{2} - e^{-t} + \frac{1}{2} e^{-2t} \quad t \geqslant 0$$

3.5 冲激信号与冲激响应

3.5.1 单位冲激信号

在物理和工程技术中，还常常会碰到单位冲激信号。因为在许多物理现象中，除了有连续分布的物理量外，还会有集中于一点的量（点源），或者具有脉冲性质的量。例如，怎样描述钉子在一瞬间受到极大作用力的过程？打乒乓球时，如何描述运动员发球瞬间的作用力？如何描述在极短时间内给电容以极大电流充电的情形？如此等等，都需要定义一个理想函数以满足各种应用。研究这类问题就会产生下面要介绍的单位冲激信号。

1. 单位冲激信号的定义

在原来电流为零的电路中，某一瞬时（设为 $t=0$）进入一个单位电量的脉冲，现在要确定电路上的电流 $i(t)$。以 $q(t)$ 表示上述电路中到时刻 t 为止通过导体截面的电荷函数（即累计电量），则

$$q(t) = \begin{cases} 0, & t \leqslant 0 \\ 1, & t > 0 \end{cases}$$

由于电流大小是电荷函数对时间的变化率，即

$$i(t) = \frac{\mathrm{d}q(t)}{\mathrm{d}t} = \lim_{\Delta t \to 0} \frac{q(t + \Delta t) - q(t)}{\Delta t}$$

所以，当 $t \neq 0$ 时，$i(t) = 0$；当 $t = 0$ 时，由于 $q(t)$ 是不连续的，从而在普通导数意义下，$q(t)$ 在这一点导数不存在，如果形式化地计算这个导数，则得

$$i(t) = \lim_{\Delta t \to 0} \frac{q(0 + \Delta t) - q(0)}{\Delta t} = \lim_{\Delta t \to 0} \frac{1}{\Delta t} = \infty$$

这表明，在通常意义下的函数类中找不到一个函数能够用来表示上述电路的电流大小，为了确定这种电路上的电流大小，必须引进一个新的函数，这个函数称为 Dirac（狄拉克，

1930 年英国物理学家 Dirac 给出的定义)函数,简单的记为 δ 函数。有了这种函数,对于许多集中在一点或一瞬间的量,例如点电荷、点热源、集中于一点的质量以及脉冲技术中的非常狭窄的脉冲等,就能够像处理连续分布的量那样,用统一的方式来加以解决。

再看一个普通函数的例子。图 3-36(a)是一矩形脉冲 $g_\tau(t)$,它是宽度为 τ、面积 $S=1$ 的普通信号,可以表示为

$$g_\tau(t)=\begin{cases} 0, & t<-\dfrac{\tau}{2} \\ \dfrac{1}{\tau}, & -\dfrac{\tau}{2}<t<\dfrac{\tau}{2} \\ 0, & t>\dfrac{\tau}{2} \end{cases} \tag{3-48}$$

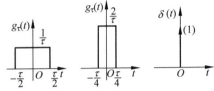

(a) 矩形脉冲函数 (b) 脉冲函数 (c) 冲激函数

图 3-36 冲激函数示意图

若该脉冲的宽度变小为 $\dfrac{\tau}{2}$,高度增大为 $\dfrac{2}{\tau}$,如图 3-36(b)所示,此时其面积 S 仍为 1。若此脉冲宽度继续缩小至极限情况,即若 $\tau \to 0$,则 $\dfrac{1}{\tau} \to \infty$,这时 $g_\tau(t)$ 变为一个宽度为无穷小,高度为无穷大,但面积仍为 1 的极窄脉冲,如图 3-36(c)所示。为了研究方便,把上述极限抽象为一个奇异函数,把它称为单位冲激函数,记为 $\delta(t)$,其定义为

$$\begin{cases} \delta(t)=0, & t\neq 0 \\ \displaystyle\int_{-\infty}^{\infty}\delta(t)\mathrm{d}t=1 \end{cases} \tag{3-49}$$

式(3-49)定义表明,$\delta(t)$ 是在瞬间出现又立即消失的信号,且幅值为无限大;在 $t\neq 0$ 时,始终为 0,而积分

$$\int_{-\infty}^{\infty}\delta(t)\mathrm{d}t=1 \tag{3-50}$$

是该函数的面积,通常称为 $\delta(t)$ 的强度。强度为 A 的冲激信号可记为 $A\delta(t)$。这种用积分结果定义函数的目的,是强调 $\delta(t)$"做了"什么,而不是强调 $\delta(t)$"是"什么。由于冲激函数的定义与普通函数不同,所以很长时间理论界争论不休。直到 1950 年施瓦斯提出广义函数理论并证明 $\delta(t)$ 完全合理后,20 年的争论风波才平息下来。

延迟 t_0 的冲激信号定义为

$$\begin{cases} \delta(t-t_0)=0, & t\neq t_0 \\ \displaystyle\int_{-\infty}^{\infty}\delta(t-t_0)\mathrm{d}t=1 \end{cases} \tag{3-51}$$

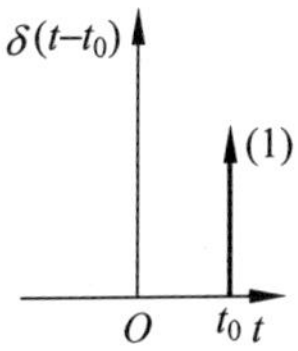

其波形如图 3-37 所示,其中符号(1)表示强度。

图 3-37 冲激信号的延迟

2. 单位冲激函数和单位阶跃函数之间的关系

根据 $\delta(t)$ 的定义,由于 $\delta(t)$ 只在 $t=0$ 时存在,所以

$$\int_{-\infty}^{\infty}\delta(t)\mathrm{d}t=\int_{0-}^{0+}\delta(t)\mathrm{d}t=1 \tag{3-52}$$

故有

$$\int_{-\infty}^{t} \delta(\tau)\mathrm{d}\tau = \begin{cases} 1, & t > 0 \\ 0, & t < 0 \end{cases} \tag{3-53}$$

根据 $\varepsilon(t)$ 的定义,应有

$$\varepsilon(t) = \int_{-\infty}^{t} \delta(\tau)\mathrm{d}\tau \tag{3-54}$$

式(3-54)表明单位冲激信号的积分为单位阶跃函数;反之,单位阶跃信号的导数应为单位冲激函数,即

$$\delta(t) = \frac{\mathrm{d}\varepsilon(t)}{\mathrm{d}t} \tag{3-55}$$

还有延迟 t_0 后的冲激函数和阶跃函数之间的关系:

$$\int_{-\infty}^{t} \delta(\tau - t_0)\mathrm{d}\tau = \varepsilon(t - t_0) \tag{3-56}$$

$$\frac{\mathrm{d}}{\mathrm{d}t}\varepsilon(t - t_0) = \delta(t - t_0) \tag{3-57}$$

值得指出的是,在引入 $\delta(t)$ 的前提下,函数在不连续点处也有导数值。

例 3-12 $f(t)$ 的波形如图 3-38(a)所示,试求其一阶导数并画出波形。

解 首先利用阶跃函数的组合表示 $f(t)$

$$f(t) = \varepsilon(t-1) + \varepsilon(t-2) - 4\varepsilon(t-3) + 2\varepsilon(t-4)$$

对上式求导得

$$f'(t) = \delta(t-1) + \delta(t-2) - 4\delta(t-3) + 2\delta(t-4)$$

其波形如图 3-38(b)所示。 ■

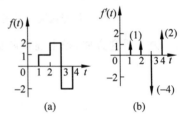

图 3-38 例 3-12 的波形

3. δ 函数的性质

(1) δ 函数的筛选性质

δ 函数有一个重要的结果,称为 δ 函数的筛选性质。若函数 $f(t)$ 在 $t=0$ 连续,由于 $\delta(t)$ 只在 $t=0$ 存在,故有

$$f(t)\delta(t) = f(0)\delta(t) \tag{3-58}$$

若 $f(t)$ 在 $t=t_0$ 连续,则有

$$f(t)\delta(t - t_0) = f(t_0)\delta(t - t_0) \tag{3-59}$$

以上说明,冲激函数可以把冲激所在位置处的函数值抽取(筛选)出来,如图 3-39 所示。δ 函数的这一重要性质在近代物理和工程技术等领域有着广泛的应用。

利用 $\delta(t)$ 的采样性,可以得到两个重要的积分结果:

图 3-39 $\delta(t)$ 的采样性示意

$$\begin{cases} \int_{-\infty}^{\infty} f(t)\delta(t)\mathrm{d}t = \int_{-\infty}^{\infty} f(0)\delta(t)\mathrm{d}t = f(0)\int_{-\infty}^{\infty}\delta(t)\mathrm{d}t = f(0) \\ \int_{-\infty}^{\infty} f(t)\delta(t-t_0)\mathrm{d}t = f(t_0) \end{cases}$$

$$\tag{3-60}$$

例 3-13 利用冲激函数的性质求下列积分：

(a) $\displaystyle\int_{-\infty}^{\infty} \delta\left(t-\frac{1}{4}\right) \sin(\pi t)\mathrm{d}t$；

(b) $\displaystyle\int_{0_-}^{3} e^{-2t}\sum_{k=-\infty}^{\infty}\delta(t-2k)\mathrm{d}t$（$k$ 取整数）；

(c) $\displaystyle\int_{0_+}^{3} e^{-2t}\sum_{k=-\infty}^{\infty}\delta(t-2k)\mathrm{d}t$（$k$ 取整数）；

(d) $\displaystyle\int_{-\infty}^{\infty} 2\delta(t)\frac{\sin(\pi t)}{t}\mathrm{d}t$。

解

(a) $\displaystyle\int_{-\infty}^{\infty} \delta\left(t-\frac{1}{4}\right) \sin(\pi t)\mathrm{d}t = \sin(\pi t)\big|_{t=\frac{1}{4}} = \sin\frac{\pi}{4} = \frac{\sqrt{2}}{2}$；

(b) $\displaystyle\int_{0_-}^{3} e^{-2t}\sum_{k=-\infty}^{\infty}\delta(t-2k)\mathrm{d}t = \int_{0_-}^{3} e^{-2t}[\delta(t)+\delta(t-2)]\mathrm{d}t = e^{-2t}\big|_{t=0} + e^{-2t}\big|_{t=2} = 1 + e^{-4}$；

(c) $\displaystyle\int_{0_+}^{3} e^{-2t}\sum_{k=-\infty}^{\infty}\delta(t-2k)\mathrm{d}t = \int_{0_+}^{3} e^{-2t}\delta(t-2)\mathrm{d}t = e^{-2t}\big|_{t=2} = e^{-4}$；

(d) $\displaystyle\int_{-\infty}^{\infty} 2\delta(t)\frac{\sin(\pi t)}{t}\mathrm{d}t = \lim_{t\to 0} 2\frac{\sin(\pi t)}{t} = 2\pi$。 ■

(2) $\delta(t)$ 函数是偶函数，即

$$\delta(t) = \delta(-t) \tag{3-61}$$

若 τ 为某一时间值，则得

$$\delta(t-\tau) = \delta(\tau-t) \tag{3-62}$$

(3) 尺度变换性质

$$\delta(at) = \frac{1}{|a|}\delta(t) \tag{3-63}$$

(4) 冲激信号的重要作用就是任意信号 $f(t)$ 均可以表示为无穷多个冲激信号的线性组合。如图 3-40 所示 $f(t)$，当 $\Delta t \to 0$ 时，可以用冲激信号的线性组合逼近 $f(t)$。

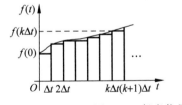 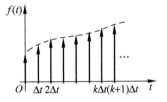

图 3-40 任意信号的冲激组合表示

在理论分析中，还经常用到 $\delta(t)$ 的导数，即

$$\delta'(t) = \begin{cases} \dfrac{\mathrm{d}\delta(t)}{\mathrm{d}t}, & t=0 \\[2mm] 0, & t\neq 0 \end{cases} \tag{3-64}$$

它可以看作是位于原点的极窄矩形脉冲的导数极限，因而 $\delta'(t)$ 的波形由两个分别出现在

0_- 和 0_+ 的强度相等的正负冲激函数组成,如图 3-41 所示。通常把 $\delta'(t)$ 称为冲激偶。

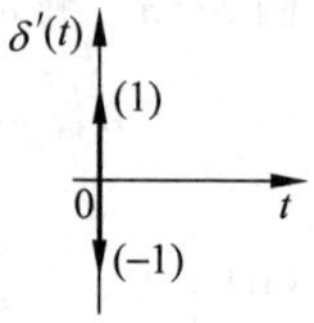

由以上分析可知冲激偶有以下特点。

① 冲激偶的积分等于 $\delta(t)$,即

$$\delta(t) = \int_{-\infty}^{t} \delta'(\tau)d\tau \tag{3-65}$$

图 3-41 冲激偶的表示

② 冲激偶是奇函数,正、负两个冲激面积之和为零,即

$$\int_{-\infty}^{\infty} \delta(\tau)d\tau = 0 \tag{3-66}$$

③ 当 $\delta'(t)$ 与连续信号 $f(t)$ 相乘时,可以筛选出 $f(t)$ 在 $t=0$ 时的变化速率值,即

$$\int_{-\infty}^{\infty} f(t)\delta'(t)dt = -f'(0) \tag{3-67}$$

这是因为

$$\int_{-\infty}^{\infty} f(t)\delta'(t)dt = f(t)\delta(t)\Big|_{-\infty}^{\infty} - \int_{-\infty}^{\infty} f'(t)\delta(t)dt = -f'(0)$$

3.5.2 冲激响应

线性时不变系统的单位冲激响应,是指系统初始状态为零,激励为单位冲激信号作用下的响应,简称冲激响应,用 $h(t)$ 表示。

系统的冲激响应也属于零状态响应。图 3-42 为上述定义的直观示意图。

图 3-42 冲激响应的示意图

一般地,若一阶系统在 $\delta(t)$ 作用下有方程

$$y'(t) + ay(t) = K\delta(t) \tag{3-68}$$

其冲激响应为

$$h(t) = y_{zs}(t) = K e^{-at}\varepsilon(t) \tag{3-69}$$

对因果系统,当 $t<0$ 时,必有 $h(t)=0$。

例 3-14 如图 3-43 所示 RC 电路,设 $u_C(0_-)=0$。输入信号为 $\delta(t)$,试以 $u_C(t)$ 为响应,求冲激响应 $h(t)$。

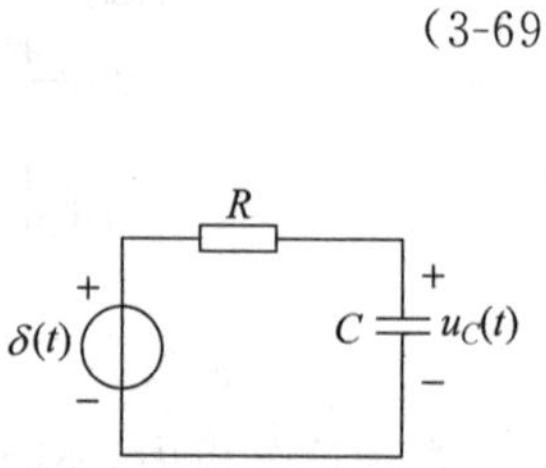

解 电路的微分方程为

$$u'_C(t) + \frac{1}{RC}u_C(t) = \frac{1}{RC}\delta(t)$$

图 3-43 例 3-14 的电路

这里,$a=\dfrac{1}{RC}$,由式(3-69)得冲激响应

$$h(t) = \frac{1}{RC}e^{-\frac{1}{RC}t} \quad t \geqslant 0$$

需要说明的是,冲激响应并不是专指某一输出量,只要输入信号为 $\delta(t)$,系统中任意处的电流或电压输出都称为冲激响应 $h(t)$。在例 3-14 中,若以电流 $i(t)$ 为冲激响应(输出),则

$$h(t) = i(t) = C\frac{\mathrm{d}u_C(t)}{\mathrm{d}t} = \frac{1}{R}\frac{\mathrm{d}}{\mathrm{d}t}\left[e^{-\frac{1}{RC}t}\varepsilon(t)\right] = \frac{1}{R}\delta(t) - \frac{1}{R^2C}e^{-\frac{t}{RC}}\varepsilon(t)$$

下面讨论阶跃响应 $s(t)$ 和冲激响应 $h(t)$ 的关系。

因为 $\varepsilon(t)$ 和 $\delta(t)$ 的关系为

$$\delta(t) = \frac{\mathrm{d}\varepsilon(t)}{\mathrm{d}t}$$

$$\varepsilon(t) = \int_{-\infty}^{t}\delta(\tau)\mathrm{d}\tau$$

对于 LTI 系统而言,由微分、积分特性必然有

$$h(t) = \frac{\mathrm{d}s(t)}{\mathrm{d}t} \tag{3-70}$$

相应地有

$$s(t) = \int_{-\infty}^{t}h(\tau)\mathrm{d}\tau \tag{3-71}$$

这就是说,对于 LTI 系统,冲激响应等于阶跃响应的导数;阶跃响应等于冲激响应的积分。这种关系不但适用于一阶系统,也适用于高阶系统。

例如,若阶跃响应为

$$s(t) = (1 - e^{-\frac{t}{RC}})\varepsilon(t)$$

则其冲激响应

$$h(t) = s'(t) = \frac{\mathrm{d}}{\mathrm{d}t}\left[(1 - e^{-\frac{t}{RC}})\varepsilon(t)\right] = \delta(t) - \left[e^{-\frac{t}{RC}}\delta(t) - \frac{1}{RC}e^{-\frac{t}{RC}}\varepsilon(t)\right] = \frac{1}{RC}e^{-\frac{t}{RC}}\varepsilon(t)$$

小　　结

(1) 典型的控制信号。

① 直流信号 $f(t) = A(-\infty < t < \infty)$

② 正弦信号 $f(t) = K\sin(\omega t + \theta)$

③ 单位阶跃信号 $\varepsilon(t) = \begin{cases} 1, & t > 0 \\ 0, & t < 0 \end{cases}$

④ 矩形脉冲信号 $g_\tau(t) = \begin{cases} 1, & |t| < \dfrac{\tau}{2} \\ 0, & |t| > \dfrac{\tau}{2} \end{cases}$

⑤ 斜坡信号 $r(t) = t\varepsilon(t)$

⑥ 符号函数 $\mathrm{sgn}(t) = \begin{cases} 1, & t > 0 \\ -1, & t < 0 \end{cases}$

⑦ 实指数信号 $f(t)=Ke^{-at}$

⑧ 复指数信号 $f(t)=Ke^{st}$ ($s=\alpha+j\omega$)

⑨ 采样函数 $Sa(t)$

⑩ 单位冲激信号 $\delta(t)$

（2）信号的基本运算。

① 信号相加与相乘：两个信号相加（相乘）可得到一个新的信号，它在任意时刻的值等于两个信号在该时刻的值之和（积）。

② 信号反转（褶）：信号的反转（或反褶）是将信号 $f(t)$ 的自变量 t 换为 $-t$，可得到另一个信号 $f(-t)$。

③ 信号延时：将信号 $f(t)$ 的自变量 t 换为 $t\pm t_0$，t_0 为正实常数，则可得到另一个信号 $f(t\pm t_0)$。

④ 尺度变换：将信号 $f(t)$ 的自变量 t 换为 αt，α 为正实常数，则信号 $f(\alpha t)$ 将在时间尺度上压缩或扩展。

⑤ 微分运算

$$y(t)=\frac{df(t)}{dt}=f'(t)=f^{(1)}(t)$$

⑥ 积分运算

$$y(t)=\int_{-\infty}^{t}f(\tau)d\tau=f^{(-1)}(t)$$

（3）对于线性时不变（LTI）控制系统来说，描述这类系统输入-输出特性关系，常用的数学模型是常系数线性微分方程。

对于 n 阶微分方程

$$a_ny^{(n)}(t)+a_{n-1}y^{(n-1)}(t)+\cdots+a_1y'(t)+a_0y(t)$$
$$=b_mf^{(m)}(t)+b_{m-1}f^{(m-1)}(t)+\cdots+b_1f'(t)+b_0f(t)$$

此方程的完全解由两部分组成，这就是齐次解和特解。

（4）系统时域响应是指在典型输入信号作用下，系统的输出量或信号。在时域经典法求解系统的完全响应时，一个广泛应用的分解是把响应分为零输入响应（Zero-Input Response，ZIR）和零状态响应（Zero-State Response，ZSR）两部分，即

$$y(t)=y_{zi}(t)+y_{zs}(t)$$

（5）单位阶跃信号和单位冲激信号是两个重要的信号，它们的关系为

$$\delta(t)=\frac{d\varepsilon(t)}{dt}$$

$$\varepsilon(t)=\int_{-\infty}^{t}\delta(\tau)d\tau$$

（6）线性时不变系统的单位冲激响应，是指系统初始状态为零，激励为单位冲激信号作用下的响应，简称冲激响应，用 $h(t)$ 表示。由单位阶跃信号引起的零状态响应称为单位阶跃响应，简称阶跃响应，记为 $s(t)$。

单位冲激响应和单位阶跃响应的关系为

$$h(t)=\frac{ds(t)}{dt}$$

$$s(t) = \int_{-\infty}^{t} h(\tau)\mathrm{d}\tau$$

习 题

3-1 画出下列信号的波形。

(1) $f(t) = \sin\pi t\varepsilon(t) + \sin\pi(t-1)\varepsilon(t-1)$;

(2) $f(t) = 2\varepsilon(t) - 2\varepsilon(t-2)$;

(3) $f(t) = \sin\pi t \cdot [\varepsilon(t) - \varepsilon(t-6)]$。

3-2 试用阶跃信号表示如图 3-44 所示的波形。

3-3 如图 3-45 所示信号 $f(t)$，试画出 $f(2t)$，$f(t+2)$，$f(2t+2)$，$f(-2t+2)$ 的波形。

3-4 已知 $f(t)$（见图 3-46），画出 $f(2t)$ 和 $f\left(\dfrac{t}{2}\right)$ 的波形。

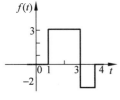

图 3-44 题 3-2 的图

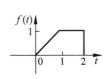

图 3-45 题 3-3 的图

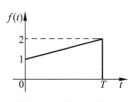

图 3-46 题 3-4 的图

3-5 判断下列关于信号波形变换的说法是否正确？

(1) $f(-t+1)$ 是将 $f(-t)$ 左移一个时间单位而得；

(2) $f(2t+1)$ 是将 $f(t+1)$ 波形压缩 0.5 而得；

(3) $f(2t+1)$ 是将 $f(2t)$ 左移一个时间单位而得；

(4) $f(2t+1)$ 是将 $f(2t)$ 左移 0.5 个时间单位而得。

3-6 求解方程 $\dfrac{1}{4}\dfrac{\mathrm{d}u}{\mathrm{d}t} + u = \dfrac{1}{2} + t$，$u(0) = 0$。

3-7 如图 3-47 所示的电路系统，以电容上电压 $u_\mathrm{C}(t)$ 为响应列写其微分方程。

3-8 如图 3-48 所示的 LC 振荡电路，$L = \dfrac{1}{16}\mathrm{H}$，$C = 4\mathrm{F}$，$u_\mathrm{C}(0) = 1\mathrm{V}$，$i_\mathrm{L}(0) = 1\mathrm{A}$，求零输入响应 $u_\mathrm{C}(t)$ 和 $i_\mathrm{L}(t)$。

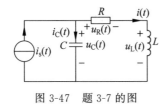

图 3-47 题 3-7 的图

图 3-48 题 3-8 的图

3-9 设某二阶系统的方程为 $\dfrac{\mathrm{d}^2}{\mathrm{d}t^2}y(t) + 2\dfrac{\mathrm{d}}{\mathrm{d}t}y(t) + 2y(t) = 0$，其对应的 0_+ 状态条件为

$y(0_+)=1, y'(0_+)=2$，求系统的零输入响应。

3-10 如图 3-49 所示电路，已知激励信号 $x(t)=\cos 2t \varepsilon(t)$，两个电容上的初始电压均为零，求输出信号 $v_2(t)$ 的表达式。

3-11 电路如图 3-50 所示，$R=500\Omega, C=1\mu F, L=1H, i_s(t)=\varepsilon(t)A$，当 $t=0$ 时，把开关 K 拉开，试求系统的阶跃响应 $i_L(t)$、$u_C(t)$、$i_C(t)$。

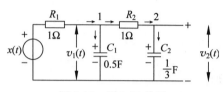

图 3-49 题 3-10 的图

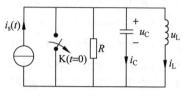

图 3-50 题 3-11 的图

3-12 计算：

(1) $\displaystyle\int_{-\infty}^{\infty} t\delta(t-1)\mathrm{d}t$；

(2) $\displaystyle\int_{0_-}^{\infty} \cos\left(\omega t-\frac{\pi}{3}\right)\delta(t)\mathrm{d}t$；

(3) $\displaystyle\int_{0_+}^{\infty} \cos\left(\omega t-\frac{\pi}{3}\right)\delta(t)\mathrm{d}t$；

(4) $\displaystyle\int_{-\infty}^{\infty} \delta(t-t_0)\varepsilon(t-2t_0)\mathrm{d}t$；

(5) $\displaystyle\int_{-\infty}^{\infty} \mathrm{e}^{\mathrm{j}\omega t}\left[\delta(t)-\delta(t-t_0)\right]\mathrm{d}t$。

3-13 化简：

(1) $f(t)\delta(t-3)$；

(2) $\delta(t)+\sin t \cdot \delta(t)$；

(3) $2\mathrm{e}^{-2t}\delta(t)$；

(4) $\cos t \cdot \delta(t)$；

(5) $t\delta(t-1)$。

3-14 化简函数 $\dfrac{\mathrm{d}^2}{\mathrm{d}t^2}\left[\sin\left(t+\dfrac{\pi}{4}\right)\varepsilon(t)\right]$。

3-15 计算如图 3-51(a)～图 3-51(d)所示信号的导数 $f'(t)$，并画出波形。

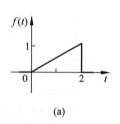

(a)

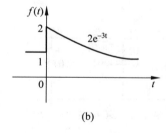

(b)

图 3-51 题 3-15 的图

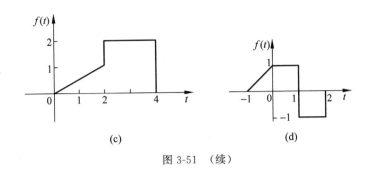

图 3-51 （续）

常微分方程

1. 微分方程的概念

方程对于学过中学数学的人来说是比较熟悉的；在初等数学中就有各种各样的方程，比如线性方程、二次方程、高次方程、指数方程、对数方程、三角方程和方程组等。这些方程都是要把研究的问题中的已知数和未知数之间的关系找出来，列出包含一个未知数或几个未知数的一个或者多个方程式，然后求取方程的解。

但是在实际工作中，常常出现一些特点和以上方程完全不同的问题。比如，物质在一定条件下的运动变化，要寻求它的运动、变化的规律；某个物体在重力作用下自由下落，要寻求下落距离随时间变化的规律；火箭在发动机推动下在空间飞行，要寻求它飞行的轨道等。

物质运动和它的变化规律在数学上是用函数关系来描述的，因此，这类问题就是要去寻求满足某些条件的一个或者几个未知函数。也就是说，凡是这类问题都不是简单地去求一个或者几个固定不变的数值，而是要求一个或者几个未知的函数。

解这类问题的基本思想和初等数学解方程的基本思想很相似，也是要把研究的问题中已知函数和未知函数之间的关系找出来，从列出的包含未知函数的一个或几个方程中去求得未知函数的表达式。但是无论在方程的形式、求解的具体方法、求出解的性质等方面，都和初等数学中的解方程有许多不同的地方。

在数学上，解这类方程，要用到微分和导数的知识。因此，凡是表示未知函数的导数以及自变量之间的关系的方程，就叫作微分方程。

微分方程差不多是和微积分同时产生的（1676 年），苏格兰数学家耐普尔创立对数的时候，就讨论过微分方程的近似解。牛顿在建立微积分的同时，对简单的微分方程用级数来求解。后来瑞士数学家雅各布·伯努利、欧拉及法国数学家克雷洛、达朗贝尔、拉格朗日等人又不断地研究和丰富了微分方程的理论。

常微分方程的形成与发展是和力学、天文学、物理学，以及其他科学技术的发展密切相关的。

如牛顿研究天体力学的时候，利用了微分方程这个工具，从理论上得到了行星的运动规律，证实了地球绕太阳的运动轨道是一个椭圆形，澄清了当时地球坠毁于太阳的论点。后来，法国天文学家勒维烈和英国天文学家亚当斯使用微分方程各自计算出那时尚未发现的海王星的位置。这些都使数学家更加深信微分方程在认识自然、改造自然方面的巨大力量。

随着微分方程理论的逐步完善,利用它就可以精确地表述事物变化所遵循的基本规律,只要列出相应的微分方程,有了解方程的方法,微分方程也就成了最有生命力的数学分支。

2. 常微分方程的解

常微分方程是指包含一个自变量和它的未知函数以及未知函数的微分的等式。

一般地说,n 阶微分方程的解含有 n 个任意常数。也就是说,微分方程的解中含有任意常数的个数和方程的解数相同,这种解叫作微分方程的通解。通解构成一个函数族。

如果根据实际问题要求出其中满足某种指定条件的解来,那么求这种解的问题叫作定解问题,对于一个常微分方程的满足定解条件的解叫作特解。对于高阶微分方程可以引入新的未知函数,把它化为多个一阶微分方程组。

3. 常微分方程的特点

常微分方程的概念、解法和其他理论很多,比如,方程和方程组的种类及解法、解的存在性和唯一性、奇解、定性理论等。下面就方程解的有关几点简述一下,以了解常微分方程的特点。

求通解在历史上曾作为微分方程的主要目标,一旦求出通解的表达式,就容易从中得到问题所需要的特解。也可以由通解的表达式,了解对某些参数的依赖情况,便于参数取适宜的值,使它对应的解具有所需要的性能,还有助于进行关于解的其他研究。

后来的发展表明,能够求出通解的情况不多,在实际应用中所需要的多是求满足某种指定条件的特解。当然,通解是有助于研究解的属性的,但是人们已把研究重点转移到定解问题上来。

一个常微分方程是不是有特解呢?如果有,又有几个呢?这是微分方程论中一个基本的问题,数学家把它归纳成基本定理,叫作存在和唯一性定理。因为如果没有解,而人们要去求解,那是没有意义的;如果有解而又不是唯一的,那又不好确定。因此,存在和唯一性定理对于微分方程的求解是十分重要的。

大部分的常微分方程求不出十分精确的解,而只能得到近似解。当然,这个近似解的精确程度是比较高的。另外还应该指出,用来描述物理过程的微分方程,以及由实验测定的初始条件也是近似的,这种近似之间的影响和变化还必须在理论上加以解决。

现在,常微分方程在很多学科领域内有着重要的应用,自动控制、各种电子学装置的设计、弹道的计算、飞机和导弹飞行的稳定性的研究、化学反应过程稳定性的研究等,这些问题都可以化为求常微分方程的解,或者化为研究解的性质的问题。应该说,应用常微分方程理论已经取得了很大的成就,但是,它的现有理论还远远不能满足实际需要,还有待进一步的发展,使这门学科的理论更加完善。

第4章
连续系统频域分析的工程数学基础

在变换域分析中,有傅里叶(Fourier)变换、拉普拉斯变换和 z 变换三大变换,其中,傅里叶变换是另外两个变换的基础。本章介绍傅里叶变换及其频域分析法。连续系统的频域分析就是将时间变量变换为频率变量的分析方法,这种方法以傅里叶变换理论为工具,将时间域映射到频率域,揭示了函数内在的频率特性以及函数时间特性与频率特性之间的密切关系。在频域分析中,首先讨论周期函数的傅里叶级数,然后讨论非周期函数的傅里叶变换。傅里叶变换是在傅里叶级数的基础上发展而产生的,这方面的问题统称为傅里叶分析。

傅里叶分析把正弦函数或虚指函数作为基本函数,根据欧拉公式

$$\sin\omega t = \frac{1}{2\mathrm{j}}(\mathrm{e}^{\mathrm{j}\omega t} - \mathrm{e}^{-\mathrm{j}\omega t})$$

$$\cos\omega t = \frac{1}{2}(\mathrm{e}^{\mathrm{j}\omega t} + \mathrm{e}^{-\mathrm{j}\omega t})$$

可见,任意函数可以表示成一系列不同频率的正弦函数或虚指函数之和。

频域分析法在系统分析中极其重要,主要是因为:

(1)频域分析法易推广到复频域分析法,同时可以将两者统一起来;

(2)利用函数频谱的概念便于说明和分析函数失真、滤波、调制等许多实际问题,并可获得清晰的物理概念;

(3)连续时间系统的频域分析为离散时间系统的频域分析奠定坚实基础;

(4)简化了求解微分方程的过程。

4.1 傅里叶变换及其逆变换

4.1.1 傅里叶变换的定义

1. 傅里叶级数

1804 年,法国数学家傅里叶提出:在有限区间上由任意图形定义的任意函数都可以表示为单纯的正弦与余弦之和。1822 年,傅里叶在研究热传导理论时发表了《热的解析理论》一文,提出并证明了将周期函数展开为正弦级数的原理。

1829 年,德国数学家狄利克雷(Dirichlet)证明了下面的定理,奠定了傅里叶级数的理论

基础。一个以 T 为周期的函数 $f_T(t)$，如果在 $\left[-\dfrac{T}{2}, \dfrac{T}{2}\right]$ 上满足狄利克雷条件(即函数在 $\left[-\dfrac{T}{2}, \dfrac{T}{2}\right]$ 上满足：①连续或只有有限个第一类间断点；②只有有限个极值点)，那么在 $\left[-\dfrac{T}{2}, \dfrac{T}{2}\right]$ 上就可以展开成傅里叶级数。

上述函数分解的思想可应用到一般周期函数。

周期函数是定义在 $(-\infty, \infty)$ 区间内，每隔一定周期 T 按相同规律重复变化的函数，一般可表示为

$$f(t) = f(t + kT) \quad (k = 0, \pm 1, \pm 2, \cdots)$$

当周期函数 $f(t)$ 满足狄利克雷条件时，则可用傅里叶级数表示为

$$f(t) = a_0 + a_1\cos\omega_1 t + a_2\cos\omega_2 t + a_3\cos\omega_3 t + \cdots$$
$$+ b_1\sin\omega_1 t + b_2\sin\omega_2 t + b_3\sin\omega_3 t + \cdots$$

或表示为

$$f(t) = a_0 + \sum_{n=1}^{\infty} (a_n\cos n\omega_1 t + b_n\sin n\omega_1 t) \tag{4-1}$$

式中，$\omega_1 = \dfrac{2\pi}{T}$ 称为 $f(t)$ 的基波角频率，$n\omega_1$ 称为 n 次谐波的频率；a_0 为 $f(t)$ 的直流分量，a_n 和 b_n 分别为各余弦分量和正弦分量的幅度。

由级数理论可知，傅里叶级数

$$a_0 = \frac{1}{T}\int_0^T f(t)\mathrm{d}t$$

$$a_n = \frac{2}{T}\int_0^T f(t)\cos n\omega_1 t\,\mathrm{d}t\,(n = 1, 2, 3, \cdots)$$

$$b_n = \frac{2}{T}\int_0^T f(t)\sin n\omega_1 t\,\mathrm{d}t\,(n = 1, 2, 3, \cdots) \tag{4-2}$$

显然，当 $f(t)$ 给定后，a_0、a_n 和 b_n 可以确定，因而 $f(t)$ 的傅里叶级数展开式即可写出。式(4-1)就是函数 $f(t)$ 的三角函数式的傅里叶级数。

因为

$$a_n\cos n\omega_1 t + b_n\sin n\omega_1 t = A_n\cos(n\omega_1 t + \varphi_n) \tag{4-3}$$

$$A_n^2 = a_n^2 + b_n^2 \qquad \varphi_n = -\arctan\left(\frac{b_n}{a_n}\right) \tag{4-4}$$

故三角函数式的傅里叶级数也可表示成

$$f(t) = a_0 + \sum_{n=1}^{\infty} A_n\cos(n\omega_1 t + \varphi_n) \tag{4-5}$$

例 4-1　将图 4-1 所示的对称方波函数展成三角函数式傅里叶级数。

解　直接代入式(4-2)，有

$$a_0 = \frac{1}{T}\int_0^T f(t)\mathrm{d}t = 0$$

$$a_n = \frac{2}{T}\int_{-\frac{T}{2}}^{\frac{T}{2}} f(t)\cos n\omega_1 t\,\mathrm{d}t = \frac{2}{T}\int_{-\frac{T}{2}}^{0}(-1)\cos n\omega_1 t\,\mathrm{d}t + \frac{2}{T}\int_0^{\frac{T}{2}}(1)\cos n\omega_1 t\,\mathrm{d}t$$

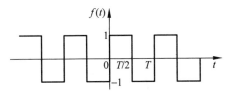

图 4-1　例 4-1 的图

$$= \frac{2}{T} \frac{1}{n\omega_1} (-\sin n\omega_1 t) \Big|_{-\frac{T}{2}}^{0} + \frac{2}{T} \frac{1}{n\omega_1} (\sin n\omega_1 t) \Big|_{0}^{\frac{T}{2}} = 0$$

$$b_n = \frac{2}{T} \int_{-\frac{T}{2}}^{\frac{T}{2}} f(t) \sin n\omega_1 t \, dt = \frac{2}{T} \frac{1}{n\omega_1} \cos n\omega_1 t \Big|_{-\frac{T}{2}}^{0} + \frac{2}{T} \frac{1}{n\omega_1} (-\cos n\omega_1 t) \Big|_{0}^{\frac{T}{2}}$$

$$= \frac{2}{n\pi} (1 - \cos n\pi) = \begin{cases} 0, & n = 2,4,6,\cdots \\ \dfrac{4}{n\pi}, & n = 1,3,5,\cdots \end{cases}$$

所以

$$f(t) = \frac{4}{\pi} \left[\sin\omega_1 t + \frac{1}{3}\sin 3\omega_1 t + \frac{1}{5}\sin 5\omega_1 t + \cdots + \frac{1}{n}\sin n\omega_1 t + \cdots \right]$$ ■

下面介绍傅里叶级数的另一种形式——复指数表示形式。

对于周期函数的三角级数表达式(4-1),利用欧拉公式,可进一步表示为

$$f(t) = a_0 + \sum_{n=1}^{\infty} \left(a_n \frac{e^{jn\omega_1 t} + e^{-jn\omega_1 t}}{2} + b_n \frac{e^{jn\omega_1 t} - e^{-jn\omega_1 t}}{2j} \right)$$

$$= a_0 + \sum_{n=1}^{\infty} \left(\frac{a_n - jb_n}{2} e^{jn\omega_1 t} + \frac{a_n + jb_n}{2} e^{-jn\omega_1 t} \right) \tag{4-6}$$

令

$$F_0 = a_0, \quad F_n = \frac{1}{2}(a_n - jb_n) \quad (n \neq 0)$$

且由式(4-2)知,$a_n = a_{-n}$,$b_n = -b_{-n}$,因而有

$$F_{-n} = \frac{1}{2}(a_{-n} - jb_{-n}) = \frac{1}{2}(a_n + jb_n)$$

把 F_n 和 F_{-n} 代入式(4-6),得

$$f(t) = a_0 + \sum_{n=1}^{\infty} (F_n e^{jn\omega_1 t} + F_{-n} e^{-jn\omega_1 t})$$

即

$$f(t) = \sum_{n=-\infty}^{\infty} F_n e^{jn\omega_1 t} \tag{4-7}$$

式中,$F_0 = a_0$,式(4-7)即为 $f(t)$ 的复指数级数形式。不过,式中的负频率项只是一种数学表示,并无实际意义。系数 F_n 通常是一复数,其求法推导如下:

$$F_n = \frac{1}{2}(a_n - jb_n) = \frac{1}{2} \left\{ \frac{2}{T} \int_{-\frac{T}{2}}^{\frac{T}{2}} \left[f(t)\cos n\omega_1 t - jf(t)\sin n\omega_1 t \right] dt \right\}$$

$$= \frac{1}{T} \int_{-\frac{T}{2}}^{\frac{T}{2}} f(t)(\cos n\omega_1 t - j\sin n\omega_1 t) dt$$

$$= \frac{1}{T} \int_{-\frac{T}{2}}^{\frac{T}{2}} f(t) e^{-jn\omega_1 t} dt$$

即复系数

$$F_n = \frac{1}{T} \int_{-\frac{T}{2}}^{\frac{T}{2}} f(t) e^{-jn\omega_1 t} dt \tag{4-8}$$

式(4-8)表明,只要给定周期函数 $f(t)$,则 F_n 可以在一个周期内积分确定,继而可写出复指数形式的傅里叶级数。式(4-7)和式(4-8)是表示周期函数的一对重要关系。

由式(4-8)可知,F_n 为各次谐波 $n\omega_1$ 的函数,可表示为

$$F_n = |F_n| e^{j\varphi_n}$$

$|F_n|$ 称为各次谐波的幅度,φ_n 称为各次谐波的相位。

2. 傅里叶变换及其逆变换定义

对周期函数 $f_T(t)$,如果令 T 趋于无穷大,则周期函数将经过无穷大的时间间隔才重复出现,周期函数因此变为非周期函数,即当 $T \to \infty$ 时,有

$$\lim_{T \to \infty} f_T(t) = f(t)$$

当 T 增加时,基波频率变小、离散谱线变密,频谱幅度变小,但频谱的形状保持不变。在极限情况下,周期 T 为无穷大,其谱线间隔与幅度将会趋于无穷小。这样,原来由许多谱线组成的周期函数的离散频谱就会连成一片,形成非周期函数的连续频谱,如图4-2所示。

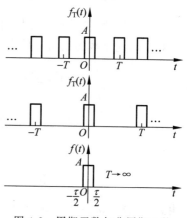

分析非周期函数的有效方法是傅里叶变换。为了便于理解,可以从傅里叶级数引出傅里叶变换。对于周期函数,有如下一对关系

$$F_n = \frac{1}{T} \int_{-\frac{T}{2}}^{\frac{T}{2}} f(t) e^{-jn\omega_1 t} dt \tag{4-9}$$

$$f(t) = \sum_{n=-\infty}^{\infty} F_n e^{jn\omega_1 t} \tag{4-10}$$

图 4-2 周期函数与非周期函数

F_n 是离散值 $n\omega_1$ 的函数,可以写为

$$F(n\omega_1) = F_n T = \int_{-\frac{T}{2}}^{\frac{T}{2}} f(t) e^{-jn\omega_1 t} dt \tag{4-10a}$$

$$\begin{cases} \omega_1 = \dfrac{2\pi}{T} \to \Delta\omega \to d\omega \\ n\omega_1 \to n\Delta\omega \to \omega \\ F_n \to 0 \end{cases}$$

当 $T \to \infty$ 时,谱线高度 $F_n \to 0$ 和谱线间隔 $\omega_1 = \dfrac{2\pi}{T}$ 趋于无穷小,故 ω_1 可用 $d\omega$ 代替,$n\omega_1$ 变为连续变量 ω,同时 $T = \dfrac{2\pi}{\omega_1}$ 亦用 $\dfrac{2\pi}{d\omega}$ 表示,从而式(4-10a)可写为

$$F(\omega) = \int_{-\infty}^{\infty} f(t) e^{-j\omega t} dt$$

又由于

$$F(\omega) = \lim_{T \to \infty} F_n T = \frac{2\pi F_n}{d\omega}$$

可见 $F(\omega)$ 相当于单位频率占有的幅度,具有密度的意义,所以常把 $F(\omega)$ 称为频谱密度函数,简称频谱函数。即 $F(\omega)$ 表达了函数在 ω 处的频谱密度分布情况,这就是函数的傅里叶变换的物理含义。对函数进行傅里叶变换和对函数进行频谱分析具有同样含义,所谓求函数的频谱和求函数的傅里叶变换是一回事。

下面由函数的频谱 $F(\omega)$ 重建非周期函数 $f(t)$ 的表示式。

因为

$$f_T(t) = \sum_{n=-\infty}^{\infty} \frac{F(n\omega_1)}{T} e^{jn\omega_1 t} = \sum_{n=-\infty}^{\infty} \frac{F(n\omega_1)}{2\pi} \omega_1 e^{jn\omega_1 t}$$

当 $T \to \infty$ 时,有

$$f(t) = \lim_{T \to \infty} f_T(t) = \lim_{T \to \infty} \sum_{n=-\infty}^{\infty} \frac{F(n\omega_1)}{2\pi} \omega_1 e^{jn\omega_1 t}$$

$$= \frac{1}{2\pi} \lim_{T \to \infty} \sum_{n=-\infty}^{\infty} F(\omega) e^{jn\omega_1 t} \Delta\omega = \frac{1}{2\pi} \int_{-\infty}^{\infty} F(\omega) e^{j\omega t} d\omega$$

由以上分析,得到了一对重要关系,即傅里叶变换(Fourier transform),简称傅氏变换,傅里叶变换正变换和逆变换变换对为

$$F(\omega) = \int_{-\infty}^{\infty} f(t) e^{-j\omega t} dt \tag{4-11}$$

$$f(t) = \frac{1}{2\pi} \int_{-\infty}^{\infty} F(\omega) e^{j\omega t} d\omega \tag{4-12}$$

式(4-11)和式(4-12)称为傅里叶变换对,可简记为

$$F(\omega) = \mathcal{F}[f(t)]$$

$$f(t) = \mathcal{F}^{-1}[F(\omega)]$$

或记为

$$f(t) \leftrightarrow F(\omega)$$

频谱函数 $F(\omega)$ 一般为 ω 的复函数。故有时把 $F(\omega)$ 记为 $F(j\omega)$。进一步地,$F(\omega)$ 可写为

$$F(\omega) = |F(\omega)| e^{j\varphi(\omega)} \tag{4-13}$$

式中,$|F(\omega)|$ 称为非周期函数的幅度频谱;$\varphi(\omega)$ 称为非周期函数的相位频谱。幅度谱和相位谱都是频率 ω 的连续函数。

由式(4-11)得出

$$F(\omega) = \int_{-\infty}^{\infty} f(t) e^{-j\omega t} dt = \int_{-\infty}^{\infty} f(t) \cos\omega t \, dt - j\int_{-\infty}^{\infty} f(t) \sin\omega t \, dt$$

$$= a(\omega) - jb(\omega) \tag{4-14}$$

式中,$a(\omega) = \int_{-\infty}^{\infty} f(t) \cos\omega t \, dt$ 为 ω 的偶函数;$b(\omega) = \int_{-\infty}^{\infty} f(t) \sin\omega t \, dt$ 为 ω 的奇函数;从而有 $|F(\omega)| = \sqrt{a^2(\omega) + b^2(\omega)}$ 为 ω 的偶函数;$\varphi(\omega) = -\arctan\left[\dfrac{b(\omega)}{a(\omega)}\right]$ 为 ω 的奇函数。

非周期函数 $f(t)$ 是否存在傅里叶变换 $F(\omega)$,仍应满足类似于傅里叶级数的狄利克雷条件,不同之处仅仅在于一个周期的范围,即要求函数在无限区间内绝对可积

$$\int_{-\infty}^{\infty} |f(t)| \, dt < \infty \tag{4-15}$$

但这仅是充分条件,而不是必要条件。凡满足绝对可积条件的函数,它的变换 $F(\omega)$ 必然存在,但不满足式(4-15)的函数,其傅里叶变换也可能存在。

4.1.2 常用非周期函数的傅里叶变换

常用函数是组成复杂函数的基础,如果再与下一节讨论的傅里叶变换性质结合起来,几乎可以分析工程中遇到的所有函数的频谱。本节讨论的函数中,有的不满足绝对可积的条件,引入广义函数的概念以后,使许多不满足绝对可积条件的函数也存在傅里叶变换,而且具有非常清楚的物理意义,这样就可以把周期函数和非周期函数的分析方法统一起来,使傅里叶变换应用更为广泛。

1. 矩形脉冲(门函数)的傅里叶变换

幅度为 A,宽度为 τ 的单个矩形脉冲常称为门函数,记为 $g_\tau(t)$,它可表示为

$$g_\tau(t) = \begin{cases} A, & |t| < \dfrac{\tau}{2} \\ 0, & |t| > \dfrac{\tau}{2} \end{cases} \tag{4-16}$$

其波形如图 4-3 所示。

$g_\tau(t)$ 的傅里叶变换为

$$F(\omega) = \int_{-\infty}^{\infty} g_\tau(t) e^{-j\omega t} \, dt = A \int_{-\frac{\tau}{2}}^{\frac{\tau}{2}} e^{-j\omega t} \, dt$$

$$= A \frac{e^{-j\frac{\omega\tau}{2}} - e^{j\frac{\omega\tau}{2}}}{-j\omega} = A \frac{2\sin\left(\dfrac{\omega\tau}{2}\right)}{\omega} = A\tau \cdot \frac{\sin\left(\dfrac{\omega\tau}{2}\right)}{\dfrac{\omega\tau}{2}}$$

令

$$\mathrm{Sa}\left(\frac{\omega\tau}{2}\right) = \frac{\sin\left(\dfrac{\omega\tau}{2}\right)}{\dfrac{\omega\tau}{2}}$$

则门函数的傅里叶变换

$$F(\omega) = A\tau \mathrm{Sa}\left(\frac{\omega\tau}{2}\right) \tag{4-17}$$

图 4-4 为 $F(\omega)$ 的图形。由矩形脉冲函数波形和频谱图可知矩形脉冲的频谱是抽样函数,其大部分能量集中在低频段。一般认为抽样脉冲形状的频谱的有效带宽是原点到第一个零点的宽度,即矩形脉冲函数的有效带宽是 $B_\omega = \dfrac{2\pi}{\tau}$。

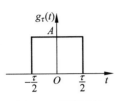

图 4-3　矩形脉冲

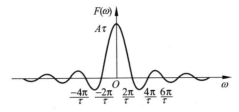

图 4-4　矩形脉冲的频谱

2. 单边指数函数的傅里叶变换

设单边指数函数为

$$f(t) = e^{-at} \quad \alpha > 0, t > 0$$

其频谱函数

$$F(\omega) = \int_0^\infty e^{-at} \cdot e^{-j\omega t} \, dt = \int_0^\infty e^{-(a+j\omega)t} \, dt = \frac{1}{\alpha + j\omega}$$

即

$$e^{-at}\varepsilon(t) \leftrightarrow \frac{1}{\alpha + j\omega} \tag{4-18}$$

其幅度频谱

$$|F(\omega)| = \frac{1}{\sqrt{\alpha^2 + \omega^2}}$$

相位频谱

$$\varphi(\omega) = -\arctan\left(\frac{\omega}{\alpha}\right)$$

它们的图形如图 4-5 所示。

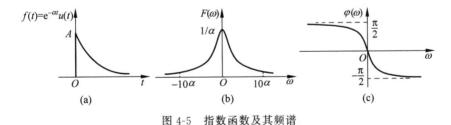

图 4-5　指数函数及其频谱

　　一般认为幅度谱下降到 0.1 倍最大值时的宽度为函数的有效带宽,所以单边指数函数的有效带宽是 $B_\omega = 10\alpha$。

　　类似地,若有函数 $f(t) = e^{at}\varepsilon(-t)$,则频谱函数为

$$F(\omega) = \frac{1}{\alpha - j\omega} \tag{4-19}$$

3. 符号函数的傅里叶变换

符号函数(signum function)定义为

$$\mathrm{sgn}t = \begin{cases} 1, & t > 0 \\ -1, & t < 0 \end{cases} \tag{4-20}$$

其图形如图 4-6(a)所示。由于符号函数不满足绝对可积条件,可把它视为双边指数函数当 $\alpha \to 0$ 时的极限,即

$$\mathrm{sgn}t = \lim_{a \to 0} \mathrm{e}^{-at}\varepsilon(t) + \lim_{a \to 0}(-\mathrm{e}^{at})\varepsilon(-t)$$

由于

$$\mathrm{e}^{-at}\varepsilon(t) \leftrightarrow \frac{1}{\alpha + \mathrm{j}\omega}, \quad -\mathrm{e}^{at}\varepsilon(-t) \leftrightarrow \frac{-1}{\alpha - \mathrm{j}\omega}$$

故 $\mathrm{sgn}t$ 的频谱

$$F(\omega) = \lim_{a \to 0}\left(\frac{1}{\alpha + \mathrm{j}\omega} - \frac{1}{\alpha - \mathrm{j}\omega}\right) = \frac{2}{\mathrm{j}\omega} \tag{4-21}$$

进而

$$|F(\omega)| = \frac{2}{|\omega|}$$

$$\varphi(\omega) = \begin{cases} \dfrac{\pi}{2}, & \omega < 0 \\[2mm] -\dfrac{\pi}{2}, & \omega > 0 \end{cases}$$

其幅度谱和相位谱如图 4-6(b)、(c)所示。

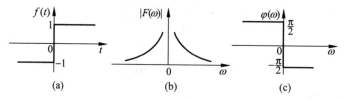

图 4-6　符号函数及其频谱

符号函数很类似于直流函数,但符号函数的平均值为零,所以符号函数不含直流成分。符号函数只是在原点处有跳变,所以符号函数含有各种频率分量,且大部分频谱集中在低频附近。符号函数不是能量函数,所以在 $\omega = 0$ 附近,符号函数的频谱幅度趋于无穷大。

4. 冲激函数 $\delta(t)$ 的傅里叶变换

由定义式(4-11),并应用 $\delta(t)$ 的取样性质,得

$$F(\omega) = \int_{-\infty}^{\infty} \delta(t)\mathrm{e}^{-\mathrm{j}\omega t}\mathrm{d}t = 1$$

即有

$$\delta(t) \leftrightarrow 1 \tag{4-22}$$

图 4-7 为它们的图示。单位冲激函数的频谱等于常数,也就是说,在整个频率范围内频谱是均匀的。这种频谱常常被叫作"均匀谱"或"白色频谱"。

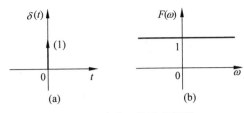

图 4-7　冲激函数及其频谱

5. 直流函数的傅里叶变换

设直流函数

$$f(t)=1 \quad (-\infty,\infty)$$

由傅里叶逆变换式(4-12),且 $\delta(t)$ 为 t 的偶函数,则 $\delta(t)$ 可表示为

$$\delta(t)=\delta(-t)=\frac{1}{2\pi}\int_{-\infty}^{\infty}1\cdot e^{j\omega t}\,d\omega$$

将上式中 ω 换为 t , t 换为 ω ,有

$$2\pi\delta(\omega)=\int_{-\infty}^{\infty}1\cdot e^{-j\omega t}\,dt$$

上式表明单位直流函数的傅里叶变换(频谱)为 $2\pi\delta(\omega)$,即

$$1\leftrightarrow 2\pi\delta(\omega) \tag{4-23}$$

它们的图形如图 4-8 所示。它表明,直流仅由 $\omega=0$ 的分量组成。

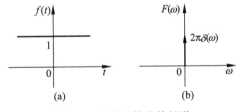

图 4-8　直流函数及其频谱

6. 单位阶跃函数的傅里叶变换

单位阶跃函数可以用直流函数和符号函数表示为

$$\varepsilon(t)=\frac{1}{2}+\frac{1}{2}\mathrm{sgn}t$$

由于

$$\frac{1}{2}\leftrightarrow\pi\delta(\omega)$$

$$\frac{1}{2}\mathrm{sgn}t\leftrightarrow\frac{1}{j\omega}$$

从而有

$$\varepsilon(t)\leftrightarrow\pi\delta(\omega)+\frac{1}{j\omega} \tag{4-24}$$

其频谱如图 4-9(b)所示。

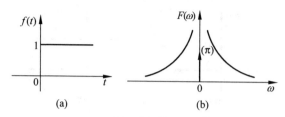

图 4-9   阶跃函数及其频谱

7. 虚指数函数的傅里叶变换

设 $f(t) = e^{j\omega_0 t}$，则有变换对

$$e^{j\omega_0 t} \leftrightarrow 2\pi\delta(\omega - \omega_0) \tag{4-25}$$

同理，若 $f(t) = e^{-j\omega_0 t}$，则有

$$e^{-j\omega_0 t} \leftrightarrow 2\pi\delta(\omega + \omega_0) \tag{4-26}$$

以上变换对可由下节介绍的频移特性得到。

4.1.3 周期函数的傅里叶变换

利用傅里叶变换不仅可以确定非周期函数的频谱函数，也可以把周期函数的频谱表示为傅里叶变换的形式。

由欧拉公式

$$\cos\omega_0 t = \frac{1}{2}(e^{j\omega_0 t} + e^{-j\omega_0 t}) \quad \sin\omega_0 t = \frac{1}{2j}(e^{j\omega_0 t} - e^{-j\omega_0 t})$$

可得周期正弦、余弦函数的傅里叶变换

$$\cos\omega_0 t \leftrightarrow \pi\left[\delta(\omega + \omega_0) + \delta(\omega - \omega_0)\right] \tag{4-27}$$

$$\sin\omega_0 t \leftrightarrow j\pi\left[\delta(\omega + \omega_0) - \delta(\omega - \omega_0)\right] \tag{4-28}$$

余弦、正弦函数的频谱如图 4-10(a)、(b)所示。

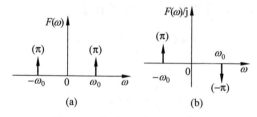

图 4-10   余弦、正弦函数的频谱

设 $f(t)$ 是以 T 为周期的周期函数，周期函数的傅里叶级数

$$f_T(t) = \sum_{n=-\infty}^{\infty} F_n e^{jn\omega_1 t} \quad \omega_1 = \frac{2\pi}{T}$$

两边取傅里叶变换，得周期函数的频谱为

$$f(t) \leftrightarrow F(\omega) = 2\pi \sum_{n=-\infty}^{\infty} F_n \delta(\omega - n\omega_1) \qquad (4\text{-}29)$$

即周期函数的傅里叶变换由无穷多个冲激函数组成,这些冲激函数位于 $n\omega_1$ 处,每一冲激函数的强度为傅里叶系数乘以 2π。

设周期函数 $f_T(t)$,取其中一个周期得到单周期函数 $f(t)$

$$f(t) = \begin{cases} f_T(t), & -\dfrac{T}{2} \leqslant t \leqslant \dfrac{T}{2} \\ 0, & \text{其他} \end{cases}$$

因为

$$F_n = \frac{1}{T} F(\omega) \Big|_{\omega = n\omega_1}$$

所以

$$F_n = \frac{F(\omega)}{T} \Big|_{\omega = n\omega_1} = \frac{F(n\omega_1)}{T}$$

则单脉冲函数与周期化后的周期函数的傅里叶变换之间的关系为

$$F_T(\omega) = 2\pi \sum_{n=-\infty}^{\infty} F_n \delta(\omega - n\omega_1) = \frac{2\pi}{T} \sum_{n=-\infty}^{\infty} F(n\omega_1) \delta(\omega - n\omega_1) \qquad (4\text{-}30)$$

例 4-2 试求图 4-11 所示周期矩形脉冲(幅度为 1、宽度为 τ、周期为 T)的傅里叶变换。

解 $\left[-\dfrac{\tau}{2}, \dfrac{\tau}{2} \right]$ 单脉冲函数的傅里叶变换为

$$f_0(t) \leftrightarrow F_0(\omega) = \tau \, \mathrm{Sa}\left(\frac{\omega\tau}{2}\right)$$

$F_0(\omega)$ 的波形如图 4-12 所示。

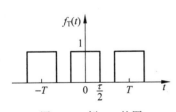

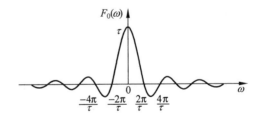

图 4-11 例 4-2 的图　　　　　　图 4-12 $F_0(\omega)$ 的频谱波形

由傅里叶级数与傅里叶变换的关系,有

$$F_n = \frac{1}{T} F_0(\omega) \Big|_{\omega = n\omega_1} = \frac{1}{T} \tau \, \mathrm{Sa}\left(\frac{n\omega_1\tau}{2}\right) = \frac{\tau}{T} \mathrm{Sa}\left(\frac{n\omega_1\tau}{2}\right)$$

此周期函数可表示为傅里叶级数

$$f_T(t) = \sum_{n=-\infty}^{\infty} F_n \mathrm{e}^{\mathrm{j}n\omega_1 t} = \frac{\tau}{T} \sum_{n=-\infty}^{\infty} \mathrm{Sa}\left(\frac{n\omega_1\tau}{2}\right) \mathrm{e}^{\mathrm{j}n\omega_1 t}$$

所以有

$$F(\omega) = F_T(\omega) = \mathcal{F}[f_T(t)] = \frac{2\pi\tau}{T} \sum_{n=-\infty}^{\infty} \mathrm{Sa}\left(\frac{n\omega_1\tau}{2}\right) \delta(\omega - n\omega_1)$$

$$= \tau\omega_1 \sum_{n=-\infty}^{\infty} \mathrm{Sa}\left(\frac{n\omega_1\tau}{2}\right)\delta(\omega - n\omega_1)$$

$F(\omega)$的波形如图 4-13 所示。

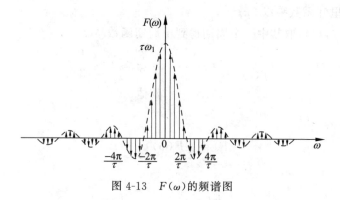

图 4-13　$F(\omega)$的频谱图

4.2　傅里叶变换的性质与应用

　　傅里叶变换建立了函数时域和频域的一一对应关系。也就是说任一个函数可以有时域和频域两种描述方法。函数在一个域中所具有的特性,必然在另一个域中有其相对应的特性出现。为了进一步了解时域和频域之间的内在联系,当在某一个域中分析发生困难时,利用傅里叶变换的性质可以转换到另一个域中进行分析计算;另外,根据定义来求取傅里叶正、逆变换时,不可避免地会遇到繁杂的积分或不满足绝对可积而可能出现广义函数的麻烦。下面将系统地讨论傅里叶变换的性质及其应用,从而用简便的方法求取傅里叶正、逆变换。

1. 线性性质

　　傅里叶变换是线性积分变换,故满足线性关系,即

$$a_1 f_1(t) + a_2 f_2(t) \leftrightarrow a_1 F_1(\omega) + a_2 F_2(\omega) \tag{4-31}$$

　　前面在求符号函数和阶跃函数的频谱时,实际上已经应用了线性叠加的思想。再如,设有函数 $f(t) = (1 - e^{-2t})\varepsilon(t)$,根据线性性质

$$\varepsilon(t) \leftrightarrow \pi\delta(\omega) + \frac{1}{j\omega}$$

$$e^{-2t}\varepsilon(t) \leftrightarrow \frac{1}{2 + j\omega}$$

故 $f(t)$的傅里叶变换为

$$F(\omega) = \pi\delta(\omega) + \frac{1}{j\omega} - \frac{1}{2 + j\omega}$$

2. 位移性质

　　(1) 时移性质

　　时间函数若有延时,则遵守时移(延时)性质,若

$$f(t) \leftrightarrow F(\omega)$$

则

$$f(t \pm t_0) \leftrightarrow F(\omega) e^{\pm j\omega t_0} \tag{4-32}$$

证明　因为

$$\mathcal{F}[f(t \pm t_0)] = \int_{-\infty}^{\infty} f(t \pm t_0) e^{-j\omega t} \mathrm{d}t$$

作变量代换，令 $t \pm t_0 = x, t = x \mp t_0, \mathrm{d}t = \mathrm{d}x$，代入上式，则有

$$\mathcal{F}[f(t \pm t_0)] = \int_{-\infty}^{\infty} f(x) e^{-j(x \mp t_0)\omega} \mathrm{d}x$$

$$= e^{\pm j\omega t_0} \int_{-\infty}^{\infty} f(x) e^{-j\omega x} \mathrm{d}x = F(\omega) e^{\pm j\omega t_0}$$

具体地，有

$$F(\omega) e^{-j\omega t_0} = |F(\omega)| e^{j\varphi(\omega)} \cdot e^{-j\omega t_0} = |F(\omega)| e^{j[\varphi(\omega) - \omega t_0]} \tag{4-33}$$

可见，$f(t)$ 延时 t_0 后，其对应的幅度频谱保持不变，但相位频谱中所有频率分量的相位均滞后 ωt_0，滞后角与频率成正比。

例 4-3　求 $\mathcal{F}[\varepsilon(t - t_0)]$。

解　因为

$$\mathcal{F}[\varepsilon(t)] = F(\omega) = \frac{1}{j\omega} + \pi\delta(\omega)$$

所以

$$\mathcal{F}[\varepsilon(t - t_0)] = e^{-j\omega t_0} F(\omega) = e^{-j\omega t_0} \left(\frac{1}{j\omega} + \pi\delta(\omega) \right)$$

$$= e^{-j\omega t_0} \frac{1}{j\omega} + e^{-j\omega t_0} \pi\delta(\omega) = e^{-j\omega t_0} \frac{1}{j\omega} + \pi\delta(\omega) \qquad ■$$

（2）频移性质

若

$$f(t) \leftrightarrow F(\omega)$$

则

$$f(t) e^{j\omega_0 t} \leftrightarrow F(\omega - \omega_0) \tag{4-34}$$

证明

$$\mathcal{F}[f(t) e^{j\omega_0 t}] = \int_{-\infty}^{\infty} f(t) e^{j\omega_0 t} e^{-j\omega t} \mathrm{d}t = \int_{-\infty}^{\infty} f(t) e^{-j(\omega - \omega_0)t} \mathrm{d}t = F(\omega - \omega_0)$$

式(4-34)表明将函数 $f(t)$ 与 $e^{j\omega_0 t}$ 相乘，对应于将 $f(t)$ 的整个频谱 $F(\omega)$ 沿 ω 轴搬移了 ω_0，这常称为频移特性。

在上节求虚指数函数的傅里叶变换中，就用到了此性质。因为

$$1 \leftrightarrow 2\pi\delta(\omega)$$

所以

$$e^{j\omega_0 t} \leftrightarrow 2\pi\delta(\omega - \omega_0)$$

频谱搬移技术在通信中得到了广泛的应用，诸如调幅、同步解调、变频等过程都是在频谱搬移的基础上完成的。频谱搬移的原理是将函数 $f(t)$ 乘以所谓载波信号，一般载波信号

选取为正弦函数 $\sin\omega_0 t$ 或 $\cos\omega_0 t$，即

$$f(t)\cos\omega_0 t = f(t) \cdot \frac{1}{2}(e^{j\omega_0 t} + e^{-j\omega_0 t}) = \frac{1}{2}f(t)e^{j\omega_0 t} + \frac{1}{2}f(t)e^{-j\omega_0 t} \tag{4-35}$$

从而有调制定理，若

$$f(t) \leftrightarrow F(\omega)$$

则

$$f(t)\cos\omega_0 t \leftrightarrow \frac{1}{2}\left[F(\omega+\omega_0) + F(\omega-\omega_0)\right] \tag{4-36}$$

同理可得

$$f(t)\sin\omega_0 t \leftrightarrow \frac{j}{2}\left[F(\omega+\omega_0) - F(\omega-\omega_0)\right] \tag{4-37}$$

3. 尺度变换(脉冲展缩与频带变化)

傅里叶变换中的脉冲展伸性质，提供了函数在时域中的压缩或扩展与其频谱函数在频域中的扩展与压缩的对应关系。

若

$$f(t) \leftrightarrow F(\omega)$$

则

$$f(at) \leftrightarrow \frac{1}{|a|}F\left(\frac{\omega}{a}\right) \tag{4-38}$$

式中，若 $a>1$，表明 $f(t)$ 压缩；若 $0<a<1$，表明 $f(t)$ 展宽。该性质常称为尺度变换。式(4-38)表明：函数时域波形的压缩，对应其频域图形的扩展；时域波形的扩展对应其频谱图形的压缩，且两域内展缩的倍数是一致的。

该性质的直观表示如图 4-14 所示，由图可见，$f(t)$ 沿 t 轴压缩一半，即脉冲宽度压缩为 $\frac{\tau}{4}$，对应的频谱沿 ω 轴扩展一倍，体现在第一个零点频率由 $\frac{2\pi}{\tau}$ 增加到 $\frac{4\pi}{\tau}$。同时频谱幅度相应减少一半。

特别地，当 $a=-1$ 时，由式(4-38)得

$$f(-t) \leftrightarrow F(-\omega) \tag{4-39}$$

又称式(4-39)为对偶性。

例如

$$e^{-at}\varepsilon(t) \leftrightarrow \frac{1}{a+j\omega}$$

而

$$e^{at}\varepsilon(-t) \leftrightarrow \frac{1}{a-j\omega}$$

又如

$$\varepsilon(t) \leftrightarrow \pi\delta(\omega) + \frac{1}{j\omega}$$

则有

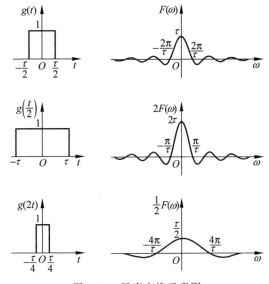

图 4-14　尺度变换示意图

$$\varepsilon(-t)\leftrightarrow\pi\delta(-\omega)-\frac{1}{j\omega}=\pi\delta(\omega)-\frac{1}{j\omega}$$

如果是尺度变换和时移同时发生,则有下面的性质

$$f(at-t_0)\leftrightarrow\frac{1}{|a|}F\left(\frac{\omega}{a}\right)e^{-j\omega\frac{t_0}{a}} \tag{4-40}$$

在电子信息、通信技术中,为了压缩通信的时间,以提高通信速度,就要提高每秒内传送的脉冲数,为此必须压缩函数脉冲的宽度。这样做必然会使信号频带加宽,通信设备的通频带也要相应加宽,以便满足信号传输的质量要求。可见,在实际工程中应合理地选择信号的脉冲宽度与占有的频带。

4. 正反变换的对称性(时-频对称性)

若

$$f(t)\leftrightarrow F(\omega)$$

则

$$F(t)\leftrightarrow2\pi f(-\omega) \tag{4-41}$$

它表明,若函数 $f(t)$ 的频谱为 $F(\omega)$,则时间函数 $F(t)=F(\omega)|_{\omega=t}$ 对应的频谱为 $2\pi f(-\omega)=2\pi f(t)|_{t=-\omega}$。若 $f(t)$ 为偶函数,则有

$$F(t)\leftrightarrow2\pi f(\omega) \tag{4-42}$$

证明　因为

$$f(t)=\frac{1}{2\pi}\int_{-\infty}^{\infty}F(\omega)e^{j\omega t}d\omega$$

将上式中 t 换为 $-t$,则

$$f(-t)=\frac{1}{2\pi}\int_{-\infty}^{\infty}F(\omega)e^{-j\omega t}d\omega$$

再将上式中 t 换为 ω，把原来的 ω 换为 t，得

$$f(\omega) = \frac{1}{2\pi} \int_{-\infty}^{\infty} F(t) \mathrm{e}^{-\mathrm{j}\omega t} \, \mathrm{d}t$$

即

$$F(t) \leftrightarrow 2\pi f(-\omega)$$

5. 微分性质

(1) 时域微分性质

若

$$f(t) \leftrightarrow F(\omega)$$

则

$$\frac{\mathrm{d}f(t)}{\mathrm{d}t} \leftrightarrow \mathrm{j}\omega F(\omega) \tag{4-43}$$

证明

$$f(t) = \frac{1}{2\pi} \int_{-\infty}^{\infty} F(\omega) \mathrm{e}^{\mathrm{j}\omega t} \, \mathrm{d}\omega$$

上式两边对 t 求导，得

$$\frac{\mathrm{d}f(t)}{\mathrm{d}t} = \frac{1}{2\pi} \int_{-\infty}^{\infty} F(\omega) \mathrm{j}\omega \mathrm{e}^{\mathrm{j}\omega t} \, \mathrm{d}\omega$$

即

$$\frac{\mathrm{d}f(t)}{\mathrm{d}t} \leftrightarrow \mathrm{j}\omega F(\omega)$$

这说明函数在时域中的微分对应为在频域中乘以 $\mathrm{j}\omega$。

进一步推广，一般地，若 $\lim\limits_{t \to \pm\infty} f^{(k)}(t) = 0$ $(k = 0, 1, 2, \cdots, n-1)$，则

$$\frac{\mathrm{d}^n f(t)}{\mathrm{d}t^n} \leftrightarrow (\mathrm{j}\omega)^n F(\omega) \tag{4-44}$$

例如，因

$$\delta(t) \leftrightarrow 1$$

从而有

$$\delta'(t) \leftrightarrow \mathrm{j}\omega \tag{4-45}$$

$$\delta^{(n)}(t) \leftrightarrow (\mathrm{j}\omega)^n \tag{4-46}$$

再如

$$\varepsilon(t) \leftrightarrow \pi\delta(\omega) + \frac{1}{\mathrm{j}\omega}$$

从而得

$$\varepsilon'(t) = \delta(t) \leftrightarrow \mathrm{j}\omega \left[\pi\delta(\omega) + \frac{1}{\mathrm{j}\omega} \right] = 1 \tag{4-47}$$

在频域分析中常利用这一性质来分析微分方程描述的 LTI 系统。

(2) 频域微分性质

若

$$f(t) \leftrightarrow F(\omega)$$

则

$$\frac{\mathrm{d}F(\omega)}{\mathrm{d}\omega} = \mathcal{F}\{-\mathrm{j}[tf(t)]\} \tag{4-48}$$

或

$$\mathcal{F}[tf(t)] = \mathrm{j}\frac{\mathrm{d}F(\omega)}{\mathrm{d}\omega} \tag{4-49}$$

例 4-4 求 $F[t\varepsilon(t)]$。

解 因为

$$\mathcal{F}[\varepsilon(t)] = \frac{1}{\mathrm{j}\omega} + \pi\delta(\omega)$$

所以

$$\mathcal{F}[t\varepsilon(t)] = \mathrm{j}\frac{\mathrm{d}}{\mathrm{d}\omega}F(\omega) = \mathrm{j}\frac{\mathrm{d}}{\mathrm{d}\omega}\left(\frac{1}{\mathrm{j}\omega} + \pi\delta(\omega)\right)$$

$$= \mathrm{j}\left[-\frac{1}{\mathrm{j}\omega^2} + \pi\delta'(\omega)\right] = -\frac{1}{\omega^2} + \mathrm{j}\pi\delta'(\omega) \qquad \blacksquare$$

6. 时域积分特性

有时把时域微分特性和积分特性结合起来分析问题更为方便。时域积分特性表述如下

若

$$f(t) \leftrightarrow F(\omega)$$

则

$$\int_{-\infty}^{t} f(\tau)\mathrm{d}\tau \leftrightarrow \pi F(0)\delta(\omega) + \frac{F(\omega)}{\mathrm{j}\omega} \tag{4-50}$$

当函数 $f(t)$ 的变换 $F(0) = F(\omega)\big|_{\omega=0} = 0$ 时,有

$$\int_{-\infty}^{t} f(\tau)\mathrm{d}\tau \leftrightarrow \frac{F(\omega)}{\mathrm{j}\omega} \tag{4-51}$$

例如,已知 $\delta(t) \leftrightarrow F(\omega) = 1$,有

$$\varepsilon(t) = \int_{-\infty}^{t} \delta(\tau)\mathrm{d}\tau \leftrightarrow \pi F(\omega)\delta(\omega) + \frac{F(\omega)}{\mathrm{j}\omega} = \pi\delta(\omega) + \frac{1}{\mathrm{j}\omega}$$

例 4-5 求图 4-15(a)所示三角脉冲函数的傅里叶变换。

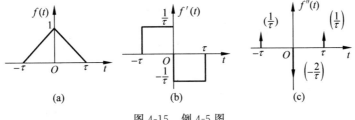

图 4-15 例 4-5 图

解 对 $f(t)$ 求一阶、二阶导数得图 4-15(b)、图 4-15(c),表达式分别为

$$f'(t) = \frac{1}{\tau}[u(t+\tau) - u(t)] - \frac{1}{\tau}[u(t) - u(t-\tau)]$$

$$f''(t) = \frac{1}{\tau}[\delta(t+\tau) + \delta(t-\tau) - 2\delta(t)]$$

$f''(t)$ 对应的傅里叶变换为

$$f''(t) \leftrightarrow F_1(\omega) = \frac{1}{\tau}[e^{j\omega\tau} + e^{-j\omega\tau} - 2] = -\frac{4}{\tau}\sin^2\left(\frac{\omega\tau}{2}\right) = -\omega^2\tau Sa^2\left(\frac{\omega\tau}{2}\right)$$

图(a)可以看作是(c)积分两次得到,所以利用积分性质可得

$$F(\omega) = \tau Sa^2\left(\frac{\omega\tau}{2}\right)$$

7. 卷积定理

设

$$f_1(t) \leftrightarrow F_1(\omega)$$

$$f_2(t) \leftrightarrow F_2(\omega)$$

则时域卷积定理为

$$f_1(t) * f_2(t) \leftrightarrow F_1(\omega)F_2(\omega) \tag{4-52}$$

类似地,又可以得到频域卷积定理,设 $f_1(t) \leftrightarrow F_1(\omega)$, $f_2(t) \leftrightarrow F_2(\omega)$,则时域相乘对应频域卷积,即

$$f_1(t)f_2(t) \leftrightarrow \frac{1}{2\pi}F_1(\omega) * F_2(\omega) \tag{4-53}$$

卷积定理在信号和系统分析中占有重要的地位,它说明了两函数在时域(或频域)中的卷积积分,对应于频域(或时域)中两者的傅里叶变换(或逆变换)应具有的关系。

4.3   频率特性的概念

用常系数线性微分方程来描述一个连续时间 LTI 系统,即

$$a_n\frac{d^n y}{dt^n} + \cdots + a_1\frac{dy}{dt} + a_0 y(t) = b_m\frac{d^m f(t)}{dt^m} + \cdots + b_1\frac{df(t)}{dt} + b_0 f(t) \tag{4-54}$$

设

$$y(t) \leftrightarrow Y(\omega)$$

$$f(t) \leftrightarrow F(\omega)$$

对上式两边取傅里叶变换(设起始状态为零),得

$$[a_n(j\omega)^n + \cdots + a_1(j\omega) + a_0]Y(\omega) = [b_m(j\omega)^m + \cdots + b_1(j\omega) + b_0]F(\omega)$$

令

$$H(\omega) = \frac{Y(\omega)}{F(\omega)} = \frac{b_m(j\omega)^m + b_{m-1}(j\omega)^{m-1} + \cdots + b_1(j\omega) + b_0}{a_n(j\omega)^n + a_{n-1}(j\omega)^{n-1} + \cdots + a_1(j\omega) + a_0} \tag{4-55}$$

那么 $H(\omega)$ 称为系统的频率响应特性,简称系统频率响应或频率特性。系统频率响应 $H(\omega)$ 一般是 ω 的复函数,可以表示为

$$H(\omega) = |H(\omega)|e^{j\varphi(\omega)} \tag{4-56}$$

$|H(\omega)|$称为系统的幅频响应特性,简称幅频响应或幅频特性,$\varphi(\omega)$称为系统的相频响应特性,简称相频响应或相频特性。$H(\omega)$也常记为$H(j\omega)$。

$H(\omega)$与$h(t)$的对应关系具体表示为

$$H(\omega)=\int_{-\infty}^{\infty}h(t)\mathrm{e}^{-\mathrm{j}\omega t}\,\mathrm{d}t \tag{4-57}$$

$$h(t)=\frac{1}{2\pi}\int_{-\infty}^{\infty}H(\omega)\mathrm{e}^{-\mathrm{j}\omega t}\,\mathrm{d}\omega \tag{4-58}$$

说明:系统频率响应是系统冲激响应的傅里叶变换。$h(t)$和$H(\omega)$从时域和频域两个方面表征了同一系统的特性。只有稳定的LTI系统才存在频率响应(存在性),LTI系统稳定的充要条件是

$$\int_{-\infty}^{\infty}|h(t)|\,\mathrm{d}t<\infty$$

亦即频率响应$H(\omega)$存在的狄利克雷条件中的绝对可积条件。

$H(\omega)$表征了系统的频域特性,是频域分析的关键,如上所述,频率响应特性有下列几种求解的方法:

(1) 当已知系统微分方程时,可以对微分方程两边取傅里叶变换,按照式(4-1)直接求取;

(2) 当已知系统的冲激响应$h(t)$时,可以对其求傅里叶变换来求取;

(3) 当已知具体电路的情况下,$H(\omega)$可以由电路的零状态响应频域等效电路模型

$$R\leftrightarrow R,\quad L\leftrightarrow \mathrm{j}\omega L,\quad C\leftrightarrow\frac{1}{\mathrm{j}\omega C}$$

来求取。求输出信号相量与输入信号的相量之比即是系统的频率响应$H(\omega)$,而无须列写电路的微分方程。

例 4-6 已知一个LTI因果系统的单位冲激响应为$h(t)=(\mathrm{e}^{-t}-\mathrm{e}^{-2t})\varepsilon(t)$,试求该系统的频率响应特性$H(\omega)$。

解 冲激响应的傅里叶变换为

$$H(\omega)=\mathcal{F}[h(t)]=\frac{1}{1+\mathrm{j}\omega}-\frac{1}{2+\mathrm{j}\omega}=\frac{1}{-\omega^2+2+\mathrm{j}3\omega}$$

其频率特性的波形如图4-16所示。

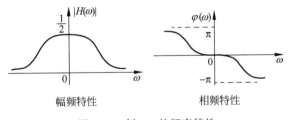

图 4-16 例 4-6 的频率特性

例 4-7 已知电路如图 4-17 所示,试求该系统的频率响应$H(\omega)$。

解 对于电路系统,求它的频率响应,用电路分析中的相量法。将R、L、C写为复阻抗分别为R、$\mathrm{j}\omega L$、$\dfrac{1}{\mathrm{j}\omega C}$的元件,然后用各种电路分析方法求输出信号的相量与输入信号的相量

之比。

因此,由图根据分压原理得系统的频率响应为

$$H(\omega) = \frac{U_2(\omega)}{U_1(\omega)} = \frac{R}{R + \dfrac{1}{j\omega C}}$$

整理后得

$$H(\omega) = \frac{j\omega}{j\omega + \dfrac{1}{RC}}$$

从而得幅频响应为

$$|H(\omega)| = \frac{|\omega|}{\sqrt{\omega^2 + \left(\dfrac{1}{RC}\right)^2}}$$

相频特性为

$$\varphi(\omega) = \frac{\pi}{2} - \arctan CR\omega$$

其频率特性的波形如图 4-18 所示。

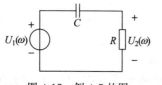

图 4-17　例 4-7 的图

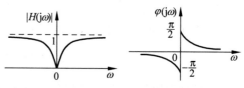

图 4-18　例 4-7 的频率特性

由频率响应特性定义可知,通过傅里叶变换,可以把常系数线性微分方程变成关于激励和响应的傅里叶变换的代数方程,从而使问题得以简化。于是得输出响应的傅里叶变换为

$$Y(\omega) = H(\omega)F(\omega) \tag{4-59}$$

那么时域的响应形式为

$$y(t) = \mathcal{F}^{-1}[Y(\omega)] \tag{4-60}$$

例 4-8　设某线性时不变系统的频率响应特性为 $H(\omega) = \dfrac{1}{3+j\omega}$,激励函数为 $f(t) = 2\delta(t)$ 时,求输出响应 $y(t)$。

解　因为

$$F(\omega) = 2$$

故

$$Y(\omega) = H(\omega)F(\omega) = \frac{2}{3+j\omega}$$

所以

$$y(t) = 2e^{-3t}\varepsilon(t)$$

4.4　傅里叶变换在系统频域分析中的应用

4.4.1　微分方程的傅里叶变换求解方法

用积分变换求解微分方程或其他方程,就如同用对数变换计算数量的乘除一样。当从原方程中直接求未知的解 y 有困难或较为复杂时,可以求它的某种积分变换的象函数 Y,然后再由求得的 Y 去找 y。积分变换的理论和方法在许多领域有广泛的应用,是一种不可缺少的运算工具。

根据傅里叶变换的线性性质、微分性质和积分性质,对要求解的方程两端取傅里叶变换,将其转化为象函数的代数方程,由这个代数方程求出象函数,然后再取傅里叶逆变换就得出这类方程的解。解法原理图如图 4-19 所示。

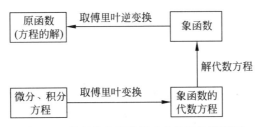

图 4-19　微积分方程傅里叶变换解法原理图

例 4-9　求解积分方程 $g(t)=h(t)+\displaystyle\int_{-\infty}^{+\infty}f(\tau)g(t-\tau)\mathrm{d}\tau$,其中 $h(t),f(t)$ 为已知函数,且 $g(t),h(t),f(t)$ 的傅里叶变换都存在。

解　设 $G(\omega)=\mathcal{F}[g(t)]$,$H(\omega)=\mathcal{F}[h(t)]$,$F(\omega)=\mathcal{F}[f(t)]$,由卷积定义有,积分方程右端第二项等于 $f(t)*g(t)$,因此上述积分方程两端取傅里叶变换,由卷积定理得

$$G(\omega)=H(\omega)+F(\omega)\cdot G(\omega)$$

所以

$$G(\omega)=\frac{H(\omega)}{1-F(\omega)}$$

由傅里叶逆变换,可求得积分方程的解

$$g(t)=\frac{1}{2\pi}\int_{-\infty}^{+\infty}G(\omega)\mathrm{e}^{\mathrm{j}\omega t}\mathrm{d}\omega=\frac{1}{2\pi}\int_{-\infty}^{+\infty}\frac{H(\omega)}{1-F(\omega)}\mathrm{e}^{\mathrm{j}\omega t}\mathrm{d}\omega \qquad ∎$$

例 4-10　求常系数非齐次线性微分方程 $\dfrac{\mathrm{d}^2}{\mathrm{d}t^2}y(t)-y(t)=-f(t)$ 的解,其中 $f(t)$ 为已知函数。

解　设 $Y(\omega)=\mathcal{F}[y(t)]$,$F(\omega)=\mathcal{F}[f(t)]$,利用傅里叶变换的线性性质和微分性质,对上述方程两端取傅里叶变换得

$$(\mathrm{j}\omega)^2 Y(\omega)-Y(\omega)=-F(\omega)$$

所以

$$Y(\omega) = \frac{1}{1+\omega^2} F(\omega)$$

从而

$$y(t) = \frac{1}{2\pi} \int_{-\infty}^{\infty} Y(\omega) e^{j\omega t} \, d\omega = \frac{1}{2\pi} \int_{-\infty}^{\infty} \frac{1}{1+\omega^2} F(\omega) e^{j\omega t} \, d\omega$$

若能够确定 $\dfrac{1}{1+\omega^2}$ 的傅里叶逆变换,则 $f(t)$ 可以通过卷积的形式给出。如前所述,$\dfrac{1}{2} e^{-|t|}$ 与 $\dfrac{1}{1+\omega^2}$ 构成一个傅里叶变换对,因此,由积分定理有

$$y(t) = \left(\frac{1}{2} e^{-|t|} \right) * f(t) = \frac{1}{2} \int_{-\infty}^{\infty} f(\tau) e^{-|t-\tau|} \, d\tau \quad \blacksquare$$

例 4-11 求微分积分方程 $ax'(t) + bx(t) + c\int_{-\infty}^{t} x(t)\mathrm{d}t = h(t)$ 的解,其中 $-\infty < t < +\infty$,a、b、c 均为常数。

解 根据傅里叶变换的线性性质、微分性质和积分性质,且记

$$X(\omega) = \mathcal{F}[x(t)], \quad H(\omega) = \mathcal{F}[h(t)]$$

对上述方程两端取傅里叶变换,得

$$a(j\omega)X(\omega) + bX(\omega) + \frac{c}{j\omega}X(\omega) = H(\omega)$$

$$X(\omega) = \frac{H(\omega)}{b + j\left(a\omega - \dfrac{c}{\omega}\right)}$$

对上式求傅里叶逆变换为

$$x(t) = \frac{1}{2\pi} \int_{-\infty}^{\infty} X(\omega) e^{j\omega t} \, d\omega = \frac{1}{2\pi} \int_{-\infty}^{\infty} \frac{H(\omega)}{b + j\left(a\omega - \dfrac{c}{\omega}\right)} e^{j\omega t} \, d\omega \quad \blacksquare$$

4.4.2 信号的无失真传输条件

信号通过系统后,有时不希望产生失真,例如通信系统中对信号的放大或衰减;有时希望产生预定的失真,例如脉冲技术中的整形电路。下面讨论系统对信号无失真传输时,应该具有怎样的时域和频域特性。

从时域来看,信号的无失真传输是指输入信号经过系统后,输出信号与输入信号相比,只有幅度大小和出现时间先后的不同,而波形形状不变,如图 4-20 所示。若输入信号为 $f(t)$,经系统无失真传输后,其输出信号应为

$$y(t) = Kf(t - t_0) \tag{4-61}$$

式中,K 为一常数;t_0 为信号通过系统所产生的延迟时间。

对式(4-61)两边进行傅里叶变换,则有

$$Y(\omega) = K e^{-j\omega t_0} F(\omega) \tag{4-62}$$

由此可得无失真传输系统的系统函数(频率特性)为

$$H(\omega) = \frac{Y(\omega)}{F(\omega)} = K\,\mathrm{e}^{-\mathrm{j}\omega t_0} \tag{4-63}$$

由于

$$H(\omega) = |H(\omega)|\,\mathrm{e}^{\mathrm{j}\varphi(\omega)}$$

与式(4-63)比较,则有幅频特性和相频特性分别为

$$|H(\omega)| = K$$
$$\varphi(\omega) = -\omega t_0 \tag{4-64}$$

它们的特性如图 4-21 所示。由相位特性可得直线的负斜率 t_0,其值为

$$t_0 = -\frac{\mathrm{d}\varphi(\omega)}{\mathrm{d}\omega}$$

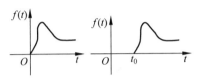

图 4-20　无失真传输系统

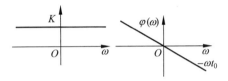

图 4-21　无失真传输的条件

式(4-64)表明,系统对信号进行无失真传输时应满足两个条件:一是系统的幅频特性在整个频率范围内 $(-\infty,\infty)$ 应为常量;二是系统的相频特性在整个频率域内应与 ω 成正比,$-t_0$ 为比例系数,$\varphi(\omega)$ 是过原点的直线。

实际的线性系统,其幅频与相频特性都不可能完全满足不失真传输条件。当系统对信号中各频率分量产生不同程度的衰减,使信号的幅度频谱改变时,会使信号的相位频谱改变,造成相位失真。工程上,只要在信号占有的频率范围内,系统的幅频与相频特性基本上满足不失真传输条件时,就可以认为达到要求了。

例 4-12 已知电路如图 4-22 所示,求该电路的频率响应 $H(\omega)$,若使该系统为无失真传输系统,元件参数应满足什么条件?

解 系统频率响应为

$$H(\omega) = \frac{\dfrac{R_2}{1+\mathrm{j}\omega C_2 R_2}}{\dfrac{R_1}{1+\mathrm{j}\omega C_1 R_1} + \dfrac{R_2}{1+\mathrm{j}\omega C_2 R_2}}$$

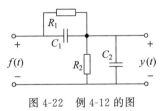

图 4-22　例 4-12 的图

$$= \frac{C_1}{C_1 + C_2} \cdot \frac{\mathrm{j}\omega + \dfrac{1}{C_1 R_1}}{\mathrm{j}\omega + \dfrac{R_1 + R_2}{R_1 R_2 (C_1 + C_2)}}$$

所以,系统无失真的条件为

$$\frac{1}{C_1 R_1} = \frac{R_1 + R_2}{R_1 R_2 (C_1 + C_2)}$$

即

$$C_1 R_1 = C_2 R_2$$

此时有

$$H(\omega) = \frac{R_2}{R_1 + R_2} = \frac{C_1}{C_2 + C_1}$$

4.4.3
理想滤波器

若系统能让某些频率的信号通过,而使其他频率的信号受到抑制,这样的系统称为滤波器。若系统的幅频特性在某一频带内保持为常数而在该频带外为零,相频特性始终为过原点的一条直线,则这样的系统称为理想滤波器。

图 4-23~图 4-26 分别为理想低通、理想高通、理想带通和理想带阻滤波器的频率特性曲线。

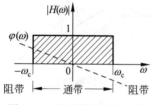

图 4-23 理想低通特性曲线

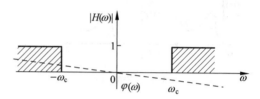

图 4-24 理想高通特性曲线

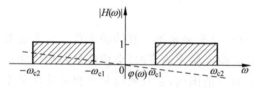

图 4-25 理想带通滤波器特性曲线

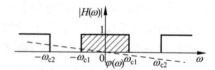

图 4-26 理想带阻滤波器特性曲线

对理想低通滤波器,在 $0 \sim \omega_c$ 的频率范围内,信号能无衰减地通过,而对大于 ω_c 的所有频率分量则完全抑制。ω_c 称为理想低通滤波器的截止频率。理想低通滤波器的频率特性可写为

$$H(\omega) = \begin{cases} e^{-j\omega t_0}, & |\omega| \leqslant \omega_c \\ 0, & |\omega| > \omega_c \end{cases} \tag{4-65}$$

即

$$|H(\omega)| = \begin{cases} 1, & |\omega| \leqslant \omega_c \\ 0, & |\omega| > \omega_c \end{cases}$$

$$\varphi(\omega) = \begin{cases} -\omega t_0, & |\omega| \leqslant \omega_c \\ 0, & |\omega| > \omega_c \end{cases}$$

对应的冲激响应为

$$h(t) = \mathcal{F}^{-1}[H(\omega)] = \frac{1}{2\pi} \int_{-\infty}^{\infty} H(\omega) e^{j\omega t} d\omega = \frac{1}{2\pi} \int_{-\omega_c}^{\omega_c} e^{j\omega(t-t_0)} d\omega$$

$$= \frac{1}{j2\pi(t-t_0)} e^{j\omega(t-t_0)} \Big|_{-\omega_c}^{\omega_c} = \frac{1}{\pi(t-t_0)} \sin[\omega_c(t-t_0)] = \frac{\omega_c}{\pi} \cdot \frac{\sin[\omega_c(t-t_0)]}{\omega_c(t-t_0)}$$

即

$$h(t) = \frac{\omega_c}{\pi} \text{Sa}[\omega_c(t - t_0)] \qquad (4\text{-}66)$$

它的时域波形如图 4-27 所示。

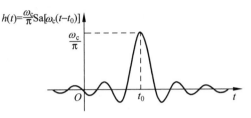

图 4-27 理想低通滤波器的冲激响应

由 $h(t)$ 的波形,可以看出如下特点:

(1) 在 $t = 0$ 时 $\delta(t)$ 作用于低通系统,而在 $t = t_0$ 时刻系统响应达最大值,即 $h(t_0) = \frac{\omega_c}{\pi}$,这表明系统对信号有延时作用,延时量为 t_0。

(2) 响应 $h(t)$ 比激励 $\delta(t)$ 展宽了许多,这表明冲激信号中的高频分量被滤波器衰减了。

(3) 当 $t < 0$ 时,$h(t) \neq 0$,这表明理想低通滤波器是一个非因果系统,它在物理上是无法实现的。其实所有理想滤波器都是物理上无法实现的。实际滤波器的设计原则是研究如何选择一个系统函数,使它能够逼近所要求的 $H(\omega)$,又能在物理上是可实现的。

小　　结

(1) 傅里叶变换是一种线性积分变换。傅里叶变换对为

$$f(t) = \frac{1}{2\pi} \int_{-\infty}^{\infty} F(\omega) e^{j\omega t} \, d\omega$$

$$F(\omega) = \int_{-\infty}^{\infty} f(t) e^{-j\omega t} \, dt$$

(2) 傅里叶变换的主要性质如下:

① 线性性质

$$a_1 f_1(t) + a_2 f_2(t) \leftrightarrow a_1 F_1(\omega) + a_2 F_2(\omega)$$

② 延时性质

$$f(t \pm t_0) \leftrightarrow F(\omega) e^{\pm j\omega t_0}$$

③ 尺度变换

$$f(at) \leftrightarrow \frac{1}{|a|} F\left(\frac{\omega}{a}\right)$$

④ 频移特性

$$f(t) e^{j\omega_0 t} \leftrightarrow F(\omega - \omega_0)$$

⑤ 时域微分特性

$$\frac{\mathrm{d}f(t)}{\mathrm{d}t} \leftrightarrow \mathrm{j}\omega F(\omega)$$

⑥ 时域积分特性

$$\int_{-\infty}^{t} f(\tau)\mathrm{d}\tau \leftrightarrow \pi F(0)\delta(\omega) + \frac{F(\omega)}{\mathrm{j}\omega}$$

⑦ 时-频对称性质

$$F(t) \leftrightarrow 2\pi f(-\omega)$$

⑧ 卷积定理

$$f_1(t) * f_2(t) \leftrightarrow F_1(\omega) \cdot F_2(\omega)$$

(3) 傅里叶变换的应用。

根据傅里叶变换的线性性质、微分性质和积分性质,对要求解的微分方程两端取傅里叶变换,将其转化为象函数的代数方程,由这个代数方程求出象函数,然后再取傅里叶逆变换就得出这类微分方程的解。

习　　题

4-1　将如图 4-28 所示的方波函数展成三角函数式傅里叶级数。

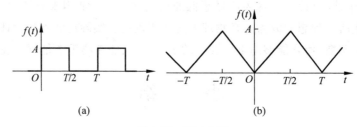

图 4-28　题 4-1 图

4-2　求如图 4-29 所示周期矩形脉冲函数复指数形式的傅里叶级数 F_n。

4-3　求双边指数函数 $f(t) = \mathrm{e}^{-a|t|}$,$a > 0$ 的傅里叶变换。

4-4　求如图 4-30 所示的三角形脉冲函数的频谱 $F(\omega)$,并画出 $F(\omega)$ 的波形。

4-5　已知周期性冲激函数串 $\delta_\mathrm{T}(t) = \sum\limits_{n=-\infty}^{\infty} \delta(t-nT)$,$T$ 为周期,且 $T = \dfrac{2\pi}{\omega_1}$。试求其傅里叶变换 $F(\omega)$,并画出其频谱图。

4-6　设有函数 $f(t) = \delta_\mathrm{T}(t)\mathrm{e}^{-t}\varepsilon(t)$,试求其频谱函数并画出频谱图。

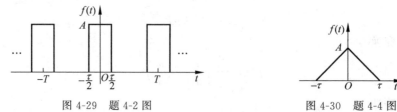

图 4-29　题 4-2 图　　　　　　　　　　图 4-30　题 4-4 图

4-7 求图 4-31 所示三脉冲函数的频谱。

4-8 求图 4-32 所示矩形调幅函数 $f(t)=g(t)\cos\omega_0 t$ 的频谱函数 $F(\omega)$，其中 $g(t)$ 为矩形脉冲，幅值为 E，脉宽为 τ。

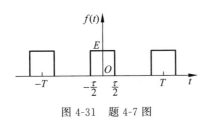

图 4-31 题 4-7 图

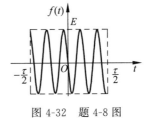

图 4-32 题 4-8 图

4-9 已知函数 $f(t)$ 的频谱为 $F(\omega)$，利用傅里叶变换性质求下列函数的傅里叶变换。

(1) $tf(2t)$；

(2) $(t-2)f(-t)$；

(3) $t\dfrac{\mathrm{d}f(t)}{\mathrm{d}t}$；

(4) $f(1-3t)$。

4-10 如图 4-33 所示梯形脉冲函数，试求其频谱函数 $F(\omega)$。

4-11 设有函数 $f(t)$ 如图 4-34 所示，试求其频谱函数。

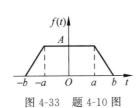

图 4-33 题 4-10 图

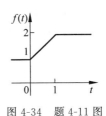

图 4-34 题 4-11 图

4-12 已知一个零状态 LTI 系统由下列微分方程表征

$$\frac{\mathrm{d}^3 y}{\mathrm{d}t^3}+10\frac{\mathrm{d}^2 y}{\mathrm{d}t^2}+8\frac{\mathrm{d}y}{\mathrm{d}t}+5y(t)=13\frac{\mathrm{d}f(t)}{\mathrm{d}t}+7f(t)$$

试求该系统的频率响应 $H(\omega)$。

4-13 求图 4-35 所示电路的频率响应函数 $H(\omega)$。

4-14 求下列微分方程的解 $x(t)$：

(1) $x'(t)+x(t)=\delta(t)$；

(2) $ax'(t)+b\displaystyle\int_{-\infty}^{+\infty}x(\tau)f(t-\tau)\mathrm{d}\tau=c\cdot h(t)$。

其中 $h(t)$ 和 $f(t)$ 为已知函数，且 $x(t)$、$h(t)$、$f(t)$ 的傅里叶变换都存在，a、b、c 为已知常数。

4-15 已知电路如图 4-36 所示，求该电路的频率响应 $H(\omega)$，若使该系统为无失真传输系统，元件参数应满足何条件？

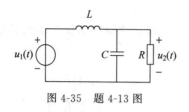

图 4-35　题 4-13 图

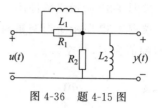

图 4-36　题 4-15 图

积分变换发展简史

积分变换就是通过含参变量积分 $F(s) = \int_a^b K(s,x)f(x)\mathrm{d}x$，将一个已知函数 $f(x)$ 变为另一个函数 $F(s)$。傅里叶变换和拉普拉斯变换是最重要的积分变换。积分变换理论不仅在数学诸多分支中得到广泛应用，而且在许多科学技术领域中，例如，物理学、力学、现代光学、无线电技术以及信号处理等方面，作为一种研究工具发挥着重要作用。

1822 年，法国数学家和物理学家傅里叶在他的专著《热的解析理论》中将欧拉、伯努利等人在一些特殊情形下应用的三角级数方法发展成内容丰富的一般理论。傅里叶用三角级数求解热传导方程，同时为了处理无穷区域的热传导问题又导出了现在所称的"傅里叶积分"。这一切都极大地推动了偏微分方程边值问题的研究，然而，傅里叶工作的意义远不止于此，他使人们对函数的概念作修正、推广，特别是引起了对不连续函数的探讨。三角级数收敛性问题更刺激了集合论的诞生。因此，《热的解析理论》影响了整个 19 世纪分析严格化的进程。

傅里叶变换是一种特殊的积分变换。在不同的研究领域，傅里叶变换具有多种不同的变化形式，如连续傅里叶变换和离散傅里叶变换。傅里叶变换具有重要的物理意义，如在信号处理上，傅里叶变换可将原来难以处理的时域信号转化成易于分析的频域信号；在图像处理上，傅里叶变换是将图像从空间域转换到频率域，其逆变换是将图像从频率域转换到空间域。1880—1887 年期间，英国电气工程师、数学家和物理学家亥维赛为了解决电工计算中遇到的微分方程，发明了用算子将微分方程变换为代数方程，但缺乏严密的数学论证。后由法国数学家、天文学家拉普拉斯给出了严格的数学定义，称为拉普拉斯变换。

拉普拉斯变换的物理意义在于：将一个信号从时间域上转换到复频域上来表示。在经典控制理论中，对控制系统的分析与综合，都是建立在拉普拉斯变换的基础上，引入拉普拉斯变换的一个主要优点是可以采用传递函数代替微分方程来描述系统的特性。这就可采用直观的和简便的图解方法来确定系统的整个特性、分析控制系统的运动过程。拉普拉斯变换在电学、光学、力学等工程技术和科学领域中有着广泛的应用，是现代电路和系统分析的重要方法之一。

数学家傅里叶

【简介】　傅里叶，法国数学家、物理学家。1768 年 3 月 21 日生于欧塞尔，1830 年 5 月 16 日死于巴黎。9 岁父母双亡，被当地教堂收养。12 岁由一主教送入地方军事学校读书。

17 岁(1785 年)回乡教数学,1794 年到巴黎,成为巴黎高等师范学校的首批学员,次年到巴黎综合工科学校执教。1798 年随拿破仑远征埃及时任军中文书和埃及研究院秘书,1801 年回国后任伊泽尔省地方长官。1817 年当选为科学院院士,1822 年任该院终身秘书,后又任法兰西学院终身秘书和理工科大学校务委员会主席。

傅里叶(Fourier,1768—1830 年,法国)

　　【数学方面主要贡献】　傅里叶变换的基本思想首先由傅里叶提出,所以以其名字来命名以示纪念。他的主要贡献是在研究热的传导时创立了一套数学理论。1807 年向巴黎科学院递交《热的传播》论文,推导出著名的热传导方程,并在求解该方程时发现解函数可以由三角函数构成的级数形式表示,从而提出任一函数都可以展成三角函数的无穷级数。傅里叶级数(即三角级数)、傅里叶分析等理论均由此创始。其他贡献有:最早使用定积分符号,改进了代数方程符号法则的求证法和实根个数的判别法等。

　　从现代数学的眼光来看,傅里叶变换是一种特殊的积分变换。它能将满足一定条件的某个函数表示成三角函数(正弦或余弦函数)或者它们的积分的线性组合。在不同的研究领域,傅里叶变换具有多种不同的变化形式,如连续傅里叶变换和离散傅里叶变换。傅里叶变换在物理学、数论、组合数学、信号处理、概率、统计、密码学、声学和光学等领域都有广泛的应用。

第5章
连续系统复频域分析的工程数学基础

拉普拉斯变换(Laplace transform)是对连续系统进行分析和设计的基本数学工具。在控制理论中对系统进行分析和设计需要建立数学模型,而常系数线性微分方程的求解,有两种方法:一种是经典解法,这是属于高等数学的内容;另一种是拉普拉斯变换解法,这是属于工程数学的内容。如果已知系统时域描述的微分方程,通过拉普拉斯变换,可以方便地得到系统复频域描述的传递函数,传递函数是经典控制理论最基本、最重要的概念。

本章首先从傅里叶变换导出拉普拉斯变换;然后讨论拉普拉斯正变换、逆变换以及拉普拉斯变换的一些基本性质,并以此为基础着重讨论线性系统的复频域分析法,应用传递函数及其零、极点分布位置来分析系统的特性等。

5.1 拉普拉斯变换

5.1.1 拉普拉斯变换的定义

傅里叶变换和拉普拉斯变换有其内在的联系。但一般来说,对一个函数进行傅里叶变换,要求它满足的条件较高,因此有些函数就不能进行傅里叶变换,而拉普拉斯变换就比傅里叶变换易于实现,所以拉普拉斯变换的应用更为广泛。

在工程实践中会遇到许多函数,例如阶跃函数 $\varepsilon(t)$、斜坡函数 $t\varepsilon(t)$、单边正弦函数 $\sin t\varepsilon(t)$ 等,它们并不满足绝对可积条件

$$\int_{-\infty}^{\infty} |f(t)| \, dt < \infty$$

从而不能直接从定义导出它们的傅里叶变换。虽然通过求极限的方法可以求得它们的傅里叶变换,但其变换式中常常含有冲激函数,使分析计算较为麻烦。此外,还有一些函数,如单边指数函数 $e^{\alpha t}\varepsilon(t)(\alpha>0)$,则根本不存在傅里叶变换,因此,傅里叶变换的运用便受到一定的限制。其次,求取傅里叶逆变换有时也是比较困难的,此处尤其要指出的是傅里叶变换分析法只能确定零状态响应,这对具有初始状态的系统确定其响应也是十分不便的。因此,有必要寻求更有效而简便的方法。

为了深入研究系统的响应、性质、稳定性、模拟以及系统设计等问题,本章引入法国数学家拉普拉斯(P. S. Laplace)提出的拉普拉斯变换法。这种方法的优点是可以简化运算,如将时域中对时间 t 的微分、积分的运算简化为 s 域中乘、除运算,从而将 t 为变量的时域微分

方程变换为复数 $s=\sigma+j\omega$ 为变量的代数方程。相对于 ω 而言,这里 s 常称为复频率。在求解 s 域的代数方程后,再通过逆变换即可求得相应的时域解。特别是,这种方法可以同时考虑起始状态和输入信号,一举求得系统的全响应。由于拉普拉斯变换采用的独立变量是复频率 s,故这种方法常称为 s 域分析或复频域分析。

把拉普拉斯变换法应用于系统分析,其功绩首推英国工程师海维赛德。1899 年,他在解决电气工程中出现的微分方程时,首先发明了"算子法",他的方法很快受到实际工作者的欢迎,但是许多数学家认为缺乏严密的论证而极力反对。海维赛德及其追随者卡尔逊等人并没有止步,他们坚持真理,满怀信心,最后在拉普拉斯的著作中找到了数学依据,重新给予严密的数学定义,为之取名为拉普拉斯变换(简称拉氏变换)方法。从此,这种方法在电学、力学等众多领域中得到了广泛应用,尤其是在电路理论的研究中。

1. 拉普拉斯变换的定义

某些函数 $f(t)$ 之所以不能满足绝对可积的条件,是由于当 $t\to\infty$ 或 $t\to-\infty$ 时,$f(t)$ 不趋于零。如果用一个实指数函数 $e^{-\sigma t}$ 去乘 $f(t)$,只要 σ 的数值选择得适当,就可以克服这个困难。例如,对于函数

$$f(t)=\begin{cases} e^{bt}, & t\geqslant 0 \\ e^{at}, & t<0 \end{cases}$$

式中 a、b 都是正实数,且 $a>b$。只要选择 $a>\sigma>b$,就能保证当 $t\to\infty$ 或 $t\to-\infty$ 时,$f(t)e^{-\sigma t}$ 均趋于零。通常把 $e^{-\sigma t}$ 称为收敛因子。$f(t)$ 乘以收敛因子 $e^{-\sigma t}$ 后的函数 $f(t)e^{-\sigma t}$ 的傅里叶变换为

$$\mathcal{F}[f(t)e^{-\sigma t}]=\int_{-\infty}^{\infty}f(t)e^{-\sigma t}e^{-j\omega t}\,dt=\int_{-\infty}^{\infty}f(t)e^{-(\sigma+j\omega)t}\,dt$$

显然上式积分结果是 $\sigma+j\omega$ 的函数,即

$$F(\sigma+j\omega)=\int_{-\infty}^{\infty}f(t)e^{-(\sigma+j\omega)t}\,dt$$

令 $s=\sigma+j\omega$,上式可记为

$$F(s)=\int_{-\infty}^{\infty}f(t)e^{-st}\,dt \tag{5-1}$$

$F(s)$ 称为函数 $f(t)$ 的双边拉普拉斯变换,简称双边拉氏变换。s 通常称为复频率,$F(s)$ 看成是 $f(t)$ 的复频谱。当 $\sigma=0$ 时,$s=j\omega$,拉普拉斯变换就蜕变为傅里叶变换,所以拉普拉斯变换又称为广义傅里叶变换。

从上述由傅里叶变换导出双边拉普拉斯变换的过程中可以看出,$f(t)$ 的双边拉普拉斯变换 $F(s)=F(\sigma+j\omega)$ 是把 $f(t)$ 乘以 $e^{-\sigma t}$ 之后再进行的傅里叶变换,而 $f(t)e^{-\sigma t}$ 较容易满足绝对可积的条件,这就意味着许多原来不存在傅里叶变换的函数都存在广义傅里叶变换,即双边拉普拉斯变换,于是拉普拉斯变换扩大了函数的变换范围。

拉普拉斯变换与傅里叶变换的基本区别在于:傅里叶变换是将时间域函数 $f(t)$ 变换为频率域函数 $F(\omega)$,或作相反的变换,此处时域变量 t 和频域变量 ω 都是实数;而拉普拉斯变换则是将时间域函数 $f(t)$ 变换为复频域函数 $F(s)$,或作相反的变换,这里时域变量 t 是实数,复频变量 s 是复数。概括地说,傅里叶变换建立了时域和频域(ω 域)间的联系,而拉普拉斯变换则建立了时域和复频域(s 域)间的联系。

2. 拉普拉斯逆变换的定义

对 $F(s)$ 求傅里叶逆变换有

$$f(t)\mathrm{e}^{-\sigma t} = \frac{1}{2\pi}\int_{-\infty}^{\infty} F(s)\mathrm{e}^{\mathrm{j}\omega t}\,\mathrm{d}\omega$$

两边同乘以 $\mathrm{e}^{\sigma t}$,得函数

$$f(t) = \frac{1}{2\pi}\int_{-\infty}^{\infty} F(s)\mathrm{e}^{(\sigma+\mathrm{j}\omega)t}\,\mathrm{d}\omega$$

因为 $s=\sigma+\mathrm{j}\omega$,且 σ 为常数,故 $\mathrm{d}s=\mathrm{j}\mathrm{d}\omega$,当 $\omega=\pm\infty$ 时,有 $s=\sigma\pm\mathrm{j}\infty$,从而

$$f(t) = \frac{1}{2\pi\mathrm{j}}\int_{\sigma-\mathrm{j}\infty}^{\sigma+\mathrm{j}\infty} F(s)\mathrm{e}^{st}\,\mathrm{d}s \tag{5-2}$$

式(5-2)称为 $F(s)$ 的拉普拉斯逆变换。

$F(s)$ 称为 $f(t)$ 的象函数,$f(t)$ 称为 $F(s)$ 的原函数。式(5-1)和式(5-2)合称为拉普拉斯变换对。习惯上用下列符号来表示

$$F(s) = \mathcal{L}[f(t)]$$

$$f(t) = \mathcal{L}^{-1}[F(s)]$$

也常简记为变换对

$$f(t) \leftrightarrow F(s)$$

在工程技术中,所遇到的函数大都是有始函数,即在 $t<0$ 的范围内函数值为零。所以式(5-1)变为

$$F(s) = \int_0^{\infty} f(t)\mathrm{e}^{-st}\,\mathrm{d}t \tag{5-3}$$

注意,若 $f(t)$ 在原点处有冲激函数,则上式中的积分下限应取 0_-。式(5-3)称为 $f(t)$ 的单边拉普拉斯变换。由于在分析因果系统时,特别是具有非零初始条件的线性常系数微分方程时,单边拉普拉斯变换更有实际意义,所以,本书主要讨论单边拉普拉斯变换。

从以上讨论可知,当函数 $f(t)$ 乘以收敛因子 $\mathrm{e}^{-\sigma t}$ 后,就有可能满足绝对可积的条件。然而,是否一定满足,还要看 $f(t)$ 的性质与 σ 值的相对关系。也就是说,对于某一函数 $f(t)$,通常并不是在所有的 σ 值上都能使积分收敛,即并不是对所有的 σ 值而言,函数 $f(t)$ 都存在拉普拉斯变换,而只是在 σ 值的一定范围内,$f(t)$ 才存在拉普拉斯变换。通常把使 $f(t)\mathrm{e}^{-\sigma t}$ 满足绝对可积条件的 σ 值的

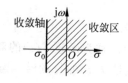

图 5-1　收敛域示意图

范围称为拉普拉斯变换的收敛域(如图 5-1 所示),实际上就是拉普拉斯变换存在的条件

$$\lim_{t\to\infty} f(t)\mathrm{e}^{-\sigma t} = 0 \tag{5-4}$$

满足上述条件的函数称为指数阶函数。实际上遇到的函数都是指数阶函数,只要 σ 值取足够大,式(5-4)总是能够满足的,也就是说,实际函数的单边拉普拉斯变换总是存在的。有些函数随时间增长的速度较指数函数快,如 $\mathrm{e}^{t^2}\varepsilon(t)$、$t^t\varepsilon(t)$ 等,不论 σ 取何值,式(5-4)都不能满足,拉普拉斯变换不存在。然而这些函数在实际中不会遇到,因此没有讨论的必要。本书在讨论单边拉普拉斯变换时,不再加注其收敛范围。

5.1.2 常用函数的拉普拉斯变换

现在求取一些常用函数的单边拉普拉斯变换(象函数),它们在以后的分析中经常用到。

1. 单位冲激函数 $\delta(t)$

由定义式(5-1),则

$$F(s) = \int_{0_-}^{\infty} \delta(t) e^{-st} \, dt = 1$$

即

$$\delta(t) \leftrightarrow 1 \tag{5-5}$$

2. 单位阶跃函数 $\varepsilon(t)$

阶跃函数 $\varepsilon(t)$ 的拉普拉斯变换为

$$\begin{aligned}
F(s) &= \int_0^{\infty} \varepsilon(t) e^{-st} \, dt \\
&= -\frac{1}{s} e^{-st} \Big|_0^{\infty} \\
&= \frac{1}{s}
\end{aligned}$$

即

$$\varepsilon(t) \leftrightarrow \frac{1}{s} \tag{5-6}$$

定义在 $(-\infty, \infty)$ 的常数 A(直流)的单边拉普拉斯变换应等价于 $A\varepsilon(t)$ 的变换,故有

$$A \leftrightarrow \frac{A}{s} \tag{5-7}$$

3. 指数函数

指数衰减函数 $f(t) = e^{-\alpha t} \varepsilon(t)$,式中,$\alpha > 0$。由定义式(5-1),$f(t)$ 的象函数

$$F(s) = \int_0^{\infty} e^{-\alpha t} e^{-st} \, dt = \int_0^{\infty} e^{-(s+\alpha)t} \, dt = \frac{e^{-(s+\alpha)t}}{-(s+\alpha)} \Big|_0^{\infty}$$

当 $\sigma > -\alpha$,且 $t \to \infty$ 时,有 $e^{-(s+\alpha)t} \to 0$,故有

$$F(s) = \frac{1}{s+\alpha} \tag{5-8}$$

指数增长函数 $f(t) = e^{\alpha t} \varepsilon(t)$,$\alpha > 0$。由定义式(5-1),$f(t)$ 的象函数

$$F(s) = \int_0^{\infty} e^{\alpha t} e^{-st} \, dt = \int_0^{\infty} e^{-(s-\alpha)t} \, dt$$

当 s 中的 $\sigma > \alpha$ 时,上式积分收敛,得单边拉普拉斯变换

$$F(s) = \frac{1}{s-\alpha} \tag{5-9}$$

4. 正弦函数 $\sin\omega t$

根据欧拉公式,正弦函数可表示为

$$\sin\omega t = \frac{1}{2\mathrm{j}}(\mathrm{e}^{\mathrm{j}\omega t} - \mathrm{e}^{-\mathrm{j}\omega t})$$

故其单边变换

$$F(s) = \mathcal{L}\left[\frac{1}{2\mathrm{j}}(\mathrm{e}^{\mathrm{j}\omega t} - \mathrm{e}^{-\mathrm{j}\omega t})\right]$$

类似实指数函数,并应用式(5-8)和式(5-9)的结果,得

$$F(s) = \frac{1}{2\mathrm{j}}\left(\frac{1}{s - \mathrm{j}\omega} - \frac{1}{s + \mathrm{j}\omega}\right) = \frac{\omega}{s^2 + \omega^2}$$

即

$$\sin\omega t \leftrightarrow \frac{\omega}{s^2 + \omega^2} \tag{5-10}$$

同理,可得余弦函数的象函数为

$$\cos\omega t \leftrightarrow \frac{s}{s^2 + \omega^2} \tag{5-11}$$

5. 衰减正弦函数 $\mathrm{e}^{-\alpha t}\sin\omega_0 t$

由于

$$\mathrm{e}^{-\alpha t}\sin\omega_0 t = \frac{1}{2\mathrm{j}}\mathrm{e}^{-\alpha t}(\mathrm{e}^{\mathrm{j}\omega_0 t} - \mathrm{e}^{-\mathrm{j}\omega_0 t})$$

$$= \frac{1}{2\mathrm{j}}\left[\mathrm{e}^{-(\alpha-\mathrm{j}\omega_0)t} - \mathrm{e}^{-(\alpha+\mathrm{j}\omega_0)t}\right]$$

取上式的单边拉普拉斯变换,得

$$F(s) = \frac{1}{2\mathrm{j}}\mathcal{L}\left[\mathrm{e}^{-(\alpha-\mathrm{j}\omega_0)t} - \mathrm{e}^{-(\alpha+\mathrm{j}\omega_0)t}\right]$$

$$= \frac{1}{2\mathrm{j}}\left[\frac{1}{s + (\alpha - \mathrm{j}\omega_0)} - \frac{1}{s + (\alpha + \mathrm{j}\omega_0)}\right]$$

$$= \frac{\omega_0}{(s + \alpha)^2 + \omega_0^2} \tag{5-12}$$

同理,可得单边衰减余弦函数的拉普拉斯变换为

$$\mathrm{e}^{-\alpha t}\cos\omega_0 t \leftrightarrow \frac{s + \alpha}{(s + \alpha)^2 + \omega_0^2} \tag{5-13}$$

6. 斜坡函数 $t\varepsilon(t)$

$$F(s) = \mathcal{L}[t\varepsilon(t)] = \int_0^\infty t\mathrm{e}^{-st}\,\mathrm{d}t$$

根据分部积分公式

$$\int_0^\infty u\,\mathrm{d}v = uv\Big|_0^\infty - \int_0^\infty v\,\mathrm{d}u$$

令 $u=t$，$\mathrm{d}v=\mathrm{e}^{-st}\mathrm{d}t$，则 $\mathrm{d}u=\mathrm{d}t$，$v=-\dfrac{\mathrm{e}^{-st}}{s}$，可得

$$t\varepsilon(t)\leftrightarrow\frac{1}{s^2} \tag{5-14}$$

推广上述结果，可得

$$t^2\varepsilon(t)\leftrightarrow\frac{2}{s^3} \tag{5-15}$$

$$t^n\varepsilon(t)\leftrightarrow\frac{n!}{s^{n+1}} \tag{5-16}$$

表 5-1 给出了一些常用函数的单边拉普拉斯变换。

表 5-1　常用函数的单边拉普拉斯变换

原函数 $f(t)$	象函数 $F(s)$	原函数 $f(t)$	象函数 $F(s)$
$\delta(t)$	1	$\varepsilon(t)$	$\dfrac{1}{s}$
$\delta'(t)$	s	t	$\dfrac{1}{s^2}$
e^{-at}	$\dfrac{1}{s+a}$	t^2	$\dfrac{2}{s^3}$
$t\mathrm{e}^{-at}$	$\dfrac{1}{(s+a)^2}$	t^n	$\dfrac{n!}{s^{n+1}}$
$\sin\omega t$	$\dfrac{\omega}{s^2+\omega^2}$	$\cos\omega t$	$\dfrac{s}{s^2+\omega^2}$
$\mathrm{e}^{-at}\sin\omega t$	$\dfrac{\omega}{(s+a)^2+\omega^2}$	$\mathrm{e}^{-at}\cos\omega t$	$\dfrac{s+a}{(s+a)^2+\omega^2}$
$\dfrac{K}{(m-1)!}t^{m-1}\mathrm{e}^{-at}$	$\dfrac{K}{(s+a)^m}$	$2A\mathrm{e}^{-at}\cos(\omega t+\varphi)$	$\dfrac{A\mathrm{e}^{\mathrm{j}\varphi}}{(s+a)+\mathrm{j}\omega}+\dfrac{A\mathrm{e}^{-\mathrm{j}\varphi}}{(s+a)-\mathrm{j}\omega}$
$t\sin\omega t$	$\dfrac{2\omega s}{(s^2+\omega^2)^2}$	$t\cos\omega t$	$\dfrac{s^2-\omega^2}{(s^2+\omega^2)^2}$

5.2　拉普拉斯变换的性质

拉普拉斯变换建立了函数在时域和复频域之间的对应关系。但在实际应用中，人们常常不是利用定义式计算拉普拉斯变换，而是巧妙地利用拉普拉斯变换的一些基本性质。这些性质与傅里叶变换性质极为相似，在某些性质中，只要把傅里叶变换中的 $\mathrm{j}\omega$ 用 s 替代即可。但是，傅里叶变换是双边的，而这里讨论的拉普拉斯变换是单边的，所以某些性质又有差别。掌握拉普拉斯变换的基本定理和性质，有助于灵活地应用拉普拉斯变换，求解更复杂的函数的拉普拉斯变换。

下面介绍拉普拉斯变换的几个重要定理和性质。

1. 线性性质

拉普拉斯变换也遵从线性函数的齐次性和叠加性。拉普拉斯变换的齐次性是：一个时

间函数乘以常数时,其拉普拉斯变换为该时间函数的拉普拉斯变换乘以该常数。若

$$f(t) \leftrightarrow F(s)$$

则

$$kf(t) \leftrightarrow kF(s) \tag{5-17}$$

其中,k 为常数。

拉普拉斯变换的叠加性是:两个时间函数 $f_1(t)$ 与 $f_2(t)$ 之和 $f(t)$ 的拉普拉斯变换等于 $f_1(t)$、$f_2(t)$ 的拉普拉斯变换 $F_1(s)$、$F_2(s)$ 之和。即

$$f_1(t) \leftrightarrow F_1(s) \quad f_2(t) \leftrightarrow F_2(s)$$
$$f_1(t) + f_2(t) \leftrightarrow F_1(s) + F_2(s) \tag{5-18}$$

前面求正余弦函数的拉普拉斯变换时已经用到了线性性质。

例 5-1 试求 $f(t) = 1 - e^{-2t}$ 的拉普拉斯变换。

解 由于

$$1 \leftrightarrow \frac{1}{s}$$

$$e^{-2t} \leftrightarrow \frac{1}{s+2}$$

应用线性性质,则有

$$f(t) \leftrightarrow F(s) = \frac{1}{s} - \frac{1}{s+2} = \frac{2}{s(s+2)}$$

∎

2. 延时特性

若

$$f(t) \leftrightarrow F(s)$$

则有延时特性

$$f(t-t_0)\varepsilon(t-t_0) \leftrightarrow F(s)e^{-st_0} \quad t_0 > 0 \tag{5-19}$$

证明 令 $\tau = t - t_0$

$$\mathcal{L}[f(t-t_0)\varepsilon(t-t_0)] = \int_{0_-}^{\infty} f(t-t_0)\varepsilon(t-t_0)e^{-st}\,dt$$

$$= \int_{t_0}^{\infty} f(t-t_0)e^{-st}\,dt$$

$$= \int_{0_-}^{\infty} f(\tau)e^{-st_0}e^{-s\tau}\,d\tau = F(s)e^{-st_0}$$

注意

(1) 一定是 $f(t-t_0)\varepsilon(t-t_0)$ 的形式的函数才能用延时特性;

(2) 函数一定是沿时间轴右移,$t_0 > 0$;

(3) 表达式 $f(t-t_0)$、$f(t-t_0)\varepsilon(t)$、$f(t)\varepsilon(t-t_0)$ 等所表示的函数不能用延时特性。

例 5-2 已知斜坡函数 $t\varepsilon(t)$ 的拉普拉斯变换为 $\frac{1}{s^2}$,试分别求 $f_1(t) = t - t_0$、$f_2(t) = (t-t_0)\varepsilon(t)$、$f_3(t) = t\varepsilon(t-t_0)$、$f_4(t) = (t-t_0)\varepsilon(t-t_0)$ 的拉普拉斯变换。

解 先画出上述四个函数的波形如图 5-2 所示。由图可见,$f_1(t)$ 与 $f_2(t)$ 在 $t \geqslant 0$ 区间

的波形相同,故它们的单边拉普拉斯变换也相同,即

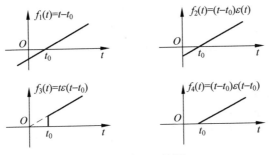

图 5-2 例 5-2 的图

$$F_1(s) = \mathscr{L}[f_1(t)] = \mathscr{L}[t - t_0] = \frac{1}{s^2} - \frac{t_0}{s}$$

$$F_2(s) = \mathscr{L}[f_2(t)] = \mathscr{L}[f_1(t)] = F_1(s)$$

$$F_3(s) = \mathscr{L}[f_3(t)] = \int_0^\infty t\varepsilon(t - t_0) e^{-st} \, dt = \left(\frac{t_0}{s} + \frac{1}{s^2}\right) e^{-st_0}$$

根据延时特性,因 $(t - t_0)\varepsilon(t - t_0)$ 是 $t\varepsilon(t)$ 的延时,故可得

$$F_4(s) = \frac{1}{s^2} e^{-st_0} \tag{5-20}$$

■

延时特性的一个重要应用是求周期函数的(单边)拉普拉斯变换。设 $f(t)$ 为图 5-3 所示的周期函数,则可将 $f(t)$ 分解为

$$f(t) = f_1(t) + f_2(t) + f_3(t) + \cdots$$

式中,$f_1(t)$ 为第一周期波形的函数,$f_2(t)$ 为第二周期波形的函数,其余类同。而后一周期是在前一周期延时 T 后出现的,从而可将 $f(t)$ 表示为

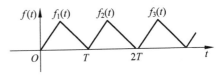

图 5-3 周期函数

$$f(t) = f_1(t) + f_1(t - T)\varepsilon(t - T) + f_1(t - 2T)\varepsilon(t - 2T) + \cdots$$

若

$$f_1(t) \leftrightarrow F_1(s)$$

根据延时特性,可写出 $f(t)$ 的象函数为

$$F(s) = F_1(s) + F_1(s) e^{-sT} + F_1(s) e^{-2sT} + \cdots = F_1(s)(1 + e^{-sT} + e^{-2sT} + \cdots)$$

上式右端括号内为公比 e^{-sT} 的无穷等比级数。利用等比级数求和公式,得

$$F(s) = F_1(s) \frac{1}{1 - e^{-sT}} \tag{5-21}$$

式(5-21)表明,单边周期函数的拉普拉斯变换等于第一周期波形的拉普拉斯变换乘以 $\frac{1}{1 - e^{-sT}}$。例如,周期冲激序列 $\delta_T(t)\varepsilon(t)$ 的拉普拉斯变换为

$$\delta_T(t)\varepsilon(t) \leftrightarrow \frac{1}{1 - e^{-Ts}} \tag{5-22}$$

例 **5-3**　求如图 5-4(a)所示正弦半波整流函数的拉普拉斯变换。

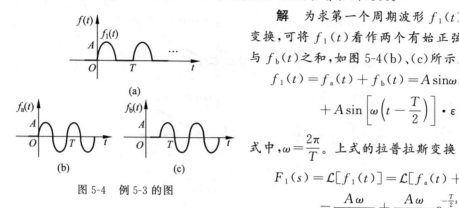

图 5-4　例 5-3 的图

解　为求第一个周期波形 $f_1(t)$ 的拉普拉斯变换,可将 $f_1(t)$ 看作两个有始正弦函数 $f_a(t)$ 与 $f_b(t)$ 之和,如图 5-4(b)、(c)所示。即

$$f_1(t) = f_a(t) + f_b(t) = A\sin\omega t \cdot \varepsilon(t)$$
$$+ A\sin\left[\omega\left(t - \frac{T}{2}\right)\right] \cdot \varepsilon\left(t - \frac{T}{2}\right)$$

式中,$\omega = \dfrac{2\pi}{T}$。上式的拉普拉斯变换

$$F_1(s) = \mathcal{L}[f_1(t)] = \mathcal{L}[f_a(t) + f_b(t)]$$
$$= \frac{A\omega}{s^2 + \omega^2} + \frac{A\omega}{s^2 + \omega^2}e^{-\frac{T}{2}s}$$

从而得 $f(t)$ 的象函数

$$F(s) = \frac{F_1(s)}{1 - e^{-sT}}$$

∎

3. 尺度变换

若

$$f(t) \leftrightarrow F(s)$$

则有

$$f(at) \leftrightarrow \frac{1}{a}F\left(\frac{s}{a}\right) \quad a > 0 \tag{5-23}$$

证明　令 $\tau = at$

$$\mathcal{L}[f(at)] = \int_0^\infty f(at)e^{-st}\,\mathrm{d}t = \int_0^\infty f(\tau)e^{-\left(\frac{s}{a}\right)\tau}\,\mathrm{d}\left(\frac{\tau}{a}\right) = \frac{1}{a}\int_0^\infty f(\tau)e^{-\left(\frac{s}{a}\right)\tau}\,\mathrm{d}\tau = \frac{1}{a}F\left(\frac{s}{a}\right)$$

4. s 域平移特性

若

$$f(t) \leftrightarrow F(s)$$

则有 s 域平移特性

$$f(t)e^{\pm s_0 t} \leftrightarrow F(s \mp s_0) \tag{5-24}$$

式中,s_0 可为实数或复数。

证明

$$\mathcal{L}[f(t)e^{\pm s_0 t}] = \int_0^\infty f(t)e^{\pm s_0 t}e^{-st}\,\mathrm{d}t = \int_0^\infty f(t)e^{-(s \mp s_0)t}\,\mathrm{d}t = F(s \mp s_0)$$

该性质表明,时间函数乘以 $e^{\pm s_0 t}$,则对应的象函数在 s 域移动 $\mp s_0$,也就是说,将 $f(t)$ 的象函数中的 s 换为 $s \mp s_0$。

例如,已知 $\cos\omega_0 t \leftrightarrow \dfrac{s}{s^2 + \omega_0^2}$,则 $e^{-at}\cos\omega_0 t \leftrightarrow \dfrac{s+a}{(s+a)^2 + \omega_0^2}$。同理,因为 $\sin\omega t \leftrightarrow \dfrac{\omega}{s^2 + \omega^2}$,

所以，$e^{-at}\sin\omega t \leftrightarrow \dfrac{\omega}{(s+a)^2+\omega^2}$。

5. 微分定理

若

$$f(t) \leftrightarrow F(s)$$

则微分定理为

$$f'(t) \leftrightarrow sF(s) - f(0_-) \tag{5-25}$$

证明 由拉普拉斯变换定义

$$\mathcal{L}[f'(t)] = \int_{0_-}^{\infty} f'(t)e^{-st}\mathrm{d}t = \int_{0_-}^{\infty} e^{-st}\mathrm{d}[f(t)]$$

$$= f(t)e^{-st}\Big|_{0_-}^{\infty} - \int_{0_-}^{\infty} f(t)(-s)e^{-st}\mathrm{d}t = -f(0_-) + sF(s)$$

得证。

对于 $f(t)$ 的二阶导数 $f''(t)$，其变换可以应用式(5-25)求得如下

$$\frac{\mathrm{d}}{\mathrm{d}t}[f'(t)] \leftrightarrow s\mathcal{L}[f'(t)] - f'(0_-) = s[sF(s) - f(0_-)] - f'(0_-)$$

即

$$f''(t) \leftrightarrow s^2 F(s) - sf(0_-) - f'(0_-) \tag{5-26}$$

如反复运用上述方法可得 $f(t)$ 的 n 阶导数的变换为

$$f^{(n)}(t) \leftrightarrow s^n F(s) - s^{n-1}f(0_-) - s^{n-2}f'(0_-) - \cdots - f^{(n-1)}(0_-) \tag{5-27}$$

若 $f(t)$ 为一有始函数，则 $f(0_-), f'(0_-), \cdots, f^{(n-1)}(0_-)$ 均为零，于是式(5-25)和式(5-27)变为

$$f'(t) \leftrightarrow sF(s) \tag{5-28}$$

$$f^{(n)}(t) \leftrightarrow s^n F(s) \tag{5-29}$$

例 5-4 已知 $f(t) = t^m$，m 为整数，求 $f(t)$ 的拉普拉斯变换。

解 由于 $f(0) = f'(0) = \cdots = f^{(m-1)}(0) = 0$，且 $f^{(m)}(t) = m!$，由拉普拉斯变换微分定理得

$$\mathcal{L}[f^{(m)}(t)] = s^m \mathcal{L}[f(t)]，又因\mathcal{L}[f^{(m)}(t)] = \mathcal{L}[m!] = m! / s$$

故

$$\mathcal{L}[f(t)] = \mathcal{L}[f^{(m)}(t)] / s^m = m! / s^{m+1}$$

此外，还可以得到象函数的微分性质

若 $\mathcal{L}[f(t)] = F(s)$，则

$$-F'(s) = \mathcal{L}[tf(t)] \quad \mathrm{Re}(s) > c \tag{5-30}$$

一般地有

$$F^{(n)}(s) = (-1)^n \mathcal{L}[t^n f(t)] \quad \mathrm{Re}(s) > c \tag{5-31}$$

例 5-5 求 te^{-at} 的拉普拉斯变换。

解 因为

$$e^{-at} \leftrightarrow \frac{1}{s+\alpha}$$

由象函数的微分定理,有

$$\mathcal{L}\left[t\,\mathrm{e}^{-at}\right] = -\frac{\mathrm{d}}{\mathrm{d}s}\left(\frac{1}{s+\alpha}\right) = \frac{1}{(s+\alpha)^2}$$

同理可得

$$\mathcal{L}\left[t^n\,\mathrm{e}^{-at}\right] = (-1)^n\,\frac{\mathrm{d}^n}{\mathrm{d}s^n}\left(\frac{1}{s+\alpha}\right) = \frac{n\,!}{(s+\alpha)^{n+1}}\qquad\blacksquare$$

应用拉普拉斯变换的时域微分定理可将微分方程转化为 s 域内的代数方程,并且使系统的起始状态 $f(0_-)$,$f'(0_-)$,$f''(0_-)$,$\cdots$,很方便地归并到变换式中,再对 s 域的代数方程求解后,就可以通过逆变换直接求出系统的全响应。故时域微分定理在系统分析中是十分有用的。

例如,两个简单而重要的变换:对电容上电流和电感上电压,有

$$i_{\mathrm{C}}(t) = C\,\frac{\mathrm{d}u_{\mathrm{C}}}{\mathrm{d}t} \leftrightarrow C\left[sU_{\mathrm{C}}(s) - u_{\mathrm{C}}(0_-)\right]\qquad(5\text{-}32)$$

$$u_{\mathrm{L}}(t) = L\,\frac{\mathrm{d}i_{\mathrm{L}}}{\mathrm{d}t} \leftrightarrow L\left[sI_{\mathrm{L}}(s) - i_{\mathrm{L}}(0_-)\right]\qquad(5\text{-}33)$$

例 5-6　如图 5-5 所示的 RC 电路,设 $u_{\mathrm{C}}(0_-)=1\mathrm{V}$,试求响应 $u_{\mathrm{C}}(t)$。图中 $R=1\Omega$,$C=1\mathrm{F}$。

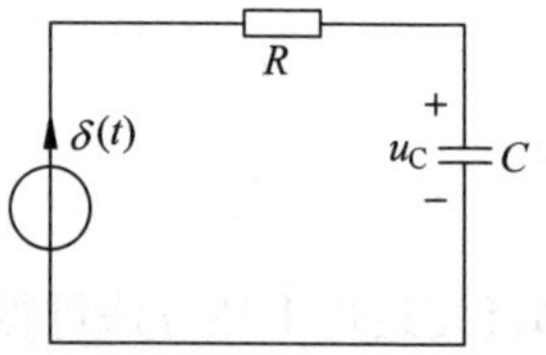

解　电路的微分方程为

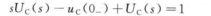

$$u_{\mathrm{C}}'(t) + \frac{1}{RC}u_{\mathrm{C}}(t) = \frac{1}{RC}\delta(t)$$

对方程两边取拉普拉斯变换,有

$$sU_{\mathrm{C}}(s) - u_{\mathrm{C}}(0_-) + U_{\mathrm{C}}(s) = 1$$

图 5-5　RC 电路

式中,$U_{\mathrm{C}}(s)$ 为 $u_{\mathrm{C}}(t)$ 对应的象函数。把 $u_{\mathrm{C}}(0_-)=1$ 代入方程,则有

$$U_{\mathrm{C}}(s)(s+1) = 2$$

即

$$U_{\mathrm{C}}(s) = \frac{2}{(s+1)}$$

求其逆变换后,得

$$u_{\mathrm{C}}(t) = 2\mathrm{e}^{-t}\varepsilon(t)\qquad\blacksquare$$

6. 积分定理

若

$$f(t) \leftrightarrow F(s)$$

则积分定理为

$$\int_{0_-}^{t} f(\tau)\mathrm{d}\tau \leftrightarrow \frac{F(s)}{s}\qquad(5\text{-}34)$$

证明　由拉氏变换定义

$$\mathcal{L}\left[\int_{0_-}^{t} f(\tau)\mathrm{d}\tau\right] = \int_{0_-}^{\infty}\left[\int_{0_-}^{t} f(\tau)\mathrm{d}\tau\right]\mathrm{e}^{-st}\mathrm{d}t$$

利用分部积分公式,令

$$u = \int_{0_-}^{\infty} f(\tau)\mathrm{d}\tau, \mathrm{e}^{-st}\,\mathrm{d}t = \mathrm{d}v$$

则

$$\mathrm{d}u = f(\tau)\mathrm{d}\tau, v = -\frac{1}{s}\mathrm{e}^{-st}$$

故代入原式可得

$$\int_{0_-}^{t} f(\tau)\mathrm{d}\tau \leftrightarrow \frac{F(s)}{s}$$

这个性质表明了一个函数积分后再取拉普拉斯变换等于这个函数的拉普拉斯变换除以复参数 s。

该定理可以推广到 n 次积分,重复应用式(5-34),就可以得到

$$\mathcal{L}\left\{\underbrace{\int_0^t \mathrm{d}t \int_0^t \mathrm{d}t \cdots \int_0^t}_{n\text{次}} f(t)\mathrm{d}t\right\} = \frac{1}{s^n}F(s) \tag{5-35}$$

此外,还可以得到象函数 $F(s)$ 的积分性质:

若 $\mathcal{L}[f(t)] = F(s)$,则

$$\mathcal{L}\left[\frac{f(t)}{t}\right] = \int_s^{\infty} F(s)\mathrm{d}s \tag{5-36}$$

或

$$f(t) = t\,\mathcal{L}^{-1}\left[\int_s^{\infty} F(s)\mathrm{d}s\right]$$

一般地

$$\mathcal{L}\left[\frac{f(t)}{t^n}\right] = \underbrace{\int_s^{\infty}\mathrm{d}s \int_s^{\infty}\mathrm{d}s \cdots \int_s^{\infty}}_{n\text{次}} F(s)\mathrm{d}s \tag{5-37}$$

例 5-7　已知 $f(t) = \int_0^t \sin kt\,\mathrm{d}t$,$k$ 为实数,求 $f(t)$ 的拉普拉斯变换。

解　根据拉普拉斯变换的积分性质得

$$\mathcal{L}[f(t)] = \mathcal{L}\left[\int \sin kt\,\mathrm{d}t\right] = \frac{1}{s}\mathcal{L}[\sin kt] = \frac{k}{s(s^2 + k^2)}　■$$

例 5-8　如图 5-6(a)所示三角形函数 $f(t)$,试求其拉普拉斯变换 $F(s)$。

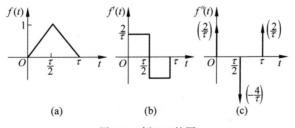

(a)　　　　(b)　　　　(c)

图 5-6　例 5-8 的图

解　先将 $f(t)$ 求导两次,得 $f'(t)$ 和 $f''(t)$,如图 5-6(b)和(c)所示,可表示为

$$f''(t) = \frac{2}{\tau}\delta(t) - \frac{4}{\tau}\delta(t - \frac{\tau}{2}) + \frac{2}{\tau}\delta(t - \tau)$$

由微分定理和延时特性,得 $f''(t)$ 的象函数 $F_2(s)$ 为

$$F_2(s) = \frac{2}{\tau} - \frac{4}{\tau}e^{-\frac{sT}{2}} + \frac{2}{\tau}e^{-sT} = \frac{2}{\tau}(1 - e^{-\frac{sT}{2}})^2$$

再由积分定理,可得 $f(t)$ 的拉普拉斯变换

$$F(s) = \frac{1}{s^2}F_2(s) = \frac{2}{\tau} \cdot \frac{(1 - e^{-\frac{sT}{2}})^2}{s^2}$$

■

7. 初值定理与终值定理

(1) 初值定理

若 $\mathcal{L}[f(t)] = F(s)$,且 $\lim\limits_{s\to\infty}sF(s)$ 存在,则

$$\left.\begin{array}{l} \lim\limits_{t\to0}f(t) = \lim\limits_{s\to\infty}sF(s) \\ \text{或 } f(0) = \lim\limits_{s\to\infty}sF(s) \end{array}\right\} \tag{5-38}$$

这个性质表明,函数 $f(t)$ 在 $t=0$ 时的函数值可以通过 $f(t)$ 的拉普拉斯变换 $F(s)$ 乘以 s 取 $s\to\infty$ 时的极限值而得到,它建立了函数 $f(t)$ 在坐标原点的值与函数 $sF(s)$ 的无限远点的值之间的关系。

(2) 终值定理

若 $\mathcal{L}[f(t)] = F(s)$,且 $sF(s)$ 的所有奇点全在 s 平面的左半部,则

$$\left.\begin{array}{l} \lim\limits_{t\to\infty}f(t) = \lim\limits_{s\to0}sF(s) \\ \text{或 } f(+\infty) = \lim\limits_{s\to0}sF(s) \end{array}\right\} \tag{5-39}$$

这个性质表明,函数 $f(t)$ 在 $t\to\infty$ 时的数值(即稳态值)可以通过 $f(t)$ 的拉普拉斯变换 $F(s)$ 乘以 s 取 $s\to0$ 时的极限值而得到,它建立了函数 $f(t)$ 在无限远的值与函数 $sF(s)$ 在原点的值之间的关系。

例 5-9 确定下列拉普拉斯变换所对应的时域因果函数的初值和终值。

$$I(s) = \frac{s - 2}{s(s + 2)}$$

$$H(s) = \frac{8}{s^2 + 10s + 169}$$

解 *初值*

$$i(0_+) = \lim\limits_{s\to\infty}sI(s) = \lim\limits_{s\to\infty}s \cdot \frac{s - 2}{s(s + 2)} = 1$$

终值

$$i(\infty) = \lim\limits_{s\to0}sI(s) = -1$$

初值

$$h(0_+) = \lim\limits_{s\to\infty}sH(s) = \lim\limits_{s\to\infty}\frac{8s}{s^2 + 10s + 169} = 0$$

终值

$$h(\infty) = \lim_{s \to 0} sH(s) = \lim_{s \to 0} \frac{8s}{s^2 + 10s + 169} = 0$$

8. 卷积定理

若

$$f_1(t) \leftrightarrow F_1(s)$$
$$f_2(t) \leftrightarrow F_2(s)$$

则卷积定理为

$$f_1(t) * f_2(t) \leftrightarrow F_1(s)F_2(s) \tag{5-40}$$

卷积定理表明,两个时域函数卷积对应的拉普拉斯变换为相应两象函数的乘积。它可广泛地应用于系统分析中。因为零状态响应

$$y(t) = f(t) * h(t)$$

令

$$y(t) \leftrightarrow Y(s)$$
$$f(t) \leftrightarrow F(s)$$
$$h(t) \leftrightarrow H(s)$$

则 $y(t)$ 的拉普拉斯变换(象函数)为

$$Y(s) = F(s)H(s) \tag{5-41}$$

5.3 拉普拉斯逆变换

从象函数 $F(s)$ 求原函数 $f(t)$ 的过程称为拉普拉斯逆变换。简单的拉普拉斯逆变换只要应用表 5-1 及 5.2 节讨论的拉普拉斯变换性质便可得相应的时间函数。求取复杂函数的拉普拉斯逆变换通常采用部分分式展开法和围线积分法。部分分式展开法是将复杂变换式分解为许多简单变换式之和,然后分别查表即可求得原函数,它适合于 $F(s)$ 为有理函数的情况;围线积分法的适用范围更广,$F(s)$ 为有理函数或无理函数都可以适用。对线性系统而言,响应的象函数 $F(s)$ 常具有有理分式的形式,所以这里仅介绍部分分式展开法。

常见的拉普拉斯变换式是 s 的多项式之比(有理函数),一般形式是

$$F(s) = \frac{N(s)}{D(s)} = \frac{b_m s^m + b_{m-1} s^{m-1} + \cdots + b_1 s + b_0}{a_n s^n + a_{n-1} s^{n-1} + \cdots + a_1 s + a_0} \tag{5-42}$$

式中,m 和 n 为正整数。若 $m < n$,$F(s)$ 为有理真分式。如果 $N(s)$ 的阶次比 $D(s)$ 的阶次高,则要用长除法将 $F(s)$ 化成多项式与真分式之和,即

$$F(s) = \frac{N(s)}{D(s)} = 商 + 真分式$$

商多项式的拉普拉斯逆变换是冲激函数 $\delta(t)$ 及其各阶导数,可由微分定理直接求得。

下面着重讨论为真分式时的拉普拉斯逆变换,可以将其分为以下三种情况。

1. F(s)的所有极点均为单极点

$D(s) = 0$ 的根 $s_1, s_2, \cdots, s_n$,称为 $F(s)$ 的极点。若分母多项式 $D(s) = 0$ 的 n 个单实根

分别为 $s_1, s_2, \cdots, s_n$，则 $F(s)$ 可以展开成下列简单的部分分式之和

$$F(s) = \frac{K_1}{s-s_1} + \frac{K_2}{s-s_2} + \cdots + \frac{K_n}{s-s_n} = \sum_{i=1}^{n} \frac{K_i}{s-s_i} \tag{5-43}$$

式中，$K_1, K_2, \cdots, K_n$ 为待定系数。这些系数可以按下述方法确定：将上式两边同乘以 $(s-s_1)$，得

$$(s-s_1)F(s) = K_1 + (s-s_1)\left(\frac{K_2}{s-s_2} + \cdots + \frac{K_n}{s-s_n}\right)$$

令 $s=s_1$，则有

$$K_1 = [(s-s_1)F(s)]\big|_{s=s_1}$$

类似地，可求得 $K_1, K_2, \cdots, K_n$ 各值，可用通式表示为

$$K_i = (s-s_i)F(s)\big|_{s=s_i} \tag{5-44}$$

式中，$i=1,2,\cdots,n$。

由于

$$\frac{K_n}{s-s_n} \leftrightarrow K_n e^{s_n t}$$

故原函数

$$f(t) = K_1 e^{s_1 t} + K_2 e^{s_2 t} + \cdots + K_n e^{s_n t} \tag{5-45}$$

例 5-10 已知 $F(s) = \dfrac{10(s+2)(s+5)}{s(s+1)(s+3)}$，求 $f(t)$。

解 将 $F(s)$ 展开成部分分式形式

$$F(s) = \frac{K_1}{s} + \frac{K_2}{s+1} + \frac{K_3}{s+3}$$

$s_1=0, s_2=-1, s_3=-3$ 是 $F(s)$ 一阶极点。求得

$$K_1 = sF(s)\big|_{s=0} = \frac{100}{3}$$

$$K_2 = (s+1)F(s)\big|_{s=-1} = -20$$

$$K_3 = (s+3)F(s)\big|_{s=-3} = -\frac{10}{3}$$

所以

$$f(t) = \left(\frac{100}{3} - 20e^{-t} - \frac{10}{3}e^{-3t}\right)\varepsilon(t)$$

例 5-11 已知 $F(s) = \dfrac{s^3+5s^2+9s+7}{(s+1)(s+2)}$，求 $f(t)$。

解 由于分子次数比分母高，先长除得

$$F(s) = s+2+\frac{s+3}{(s+1)(s+2)} = s+2+F_1(s)$$

$$F_1(s) = \frac{K_1}{s+1} + \frac{K_2}{s+2}$$

可解得

$$K_1=2, K_2=-1$$

所以

$$f(t) = \delta'(t) + 2\delta(t) + (2e^{-t} - e^{-2t})\varepsilon(t)$$

2. F(s)的极点为共轭复根

由于 $D(s)$ 是 s 的实系数多项式,若 $D(s)=0$ 出现复根,则必然是成对的。设 $D(s)=0$ 中含有一对共轭复根,如 $-\alpha+j\beta$ 和 $-\alpha-j\beta$,设 $F(s)$ 为

$$F(s) = \frac{N(s)}{D_1(s)[(s+\alpha)^2 + \beta^2]} = \frac{N(s)}{D_1(s)(s+\alpha-j\beta)(s+\alpha+j\beta)}$$

其中,$D_1(s)$ 为 $D(s)$ 中除去一对共轭复根的其余部分。并设

$$F_1(s) = \frac{N(s)}{D_1(s)}$$

则

$$F(s) = \frac{F_1(s)}{(s+\alpha-j\beta)(s+\alpha+j\beta)} = \frac{K_1}{s+\alpha-j\beta} + \frac{K_2}{s+\alpha+j\beta} + \cdots$$

各个系数 K_1、K_2 的求法和单实根一样

$$K_1 = (s+\alpha-j\beta)F(s)\big|_{s=-\alpha+j\beta} = \frac{F_1(-\alpha+j\beta)}{2j\beta} \tag{5-46}$$

$$K_2 = (s+\alpha+j\beta)F(s)\big|_{s=-\alpha-j\beta} = \frac{F_1(-\alpha-j\beta)}{-2j\beta} \tag{5-47}$$

可见,K_1、K_2 具有共轭关系。

例 5-12　设有象函数 $F(s) = \dfrac{s+2}{s^2+2s+2}$,求 $f(t)$。

解　本例 $D(s) = s^2 + 2s + 2 = 0$ 有共轭复根 $s_{1,2} = -1 \pm j$,故 $F(s)$ 可以展开为

$$F(s) = \frac{K_1}{s-(-1+j)} + \frac{K_2}{s-(-1-j)}$$

可得

$$K_1 = (s-s_1)F(s)\big|_{s=-1+j} = \frac{s+2}{s-(-1+j)}\bigg|_{s=-1+j} = \frac{1}{2} - j\frac{1}{2} = \frac{\sqrt{2}}{2}e^{-j45°}$$

$$K_2 = (s-s_2)F(s)\big|_{s=-1-j} = \frac{s+2}{s-(-1-j)}\bigg|_{s=-1-j} = \frac{1}{2} + j\frac{1}{2} = \frac{\sqrt{2}}{2}e^{j45°}$$

所以逆变换

$$f(t) = K_1 e^{s_1 t} + K_2 e^{s_2 t} = \frac{\sqrt{2}}{2}e^{-j45°}e^{(-1+j)t} + \frac{\sqrt{2}}{2}e^{j45°}e^{(-1-j)t}$$

$$= \frac{\sqrt{2}}{2}e^{-t}\left[e^{j(t-45°)} + e^{-j(t-45°)}\right]$$

$$= \sqrt{2}e^{-t}\cos(t-45°)$$

对例 5-12 也可用简便的配方法求逆变换

$$F(s) = \frac{s+2}{s^2+2s+2} = \frac{s+1}{(s+1)^2 + 1^2} + \frac{1}{(s+1)^2 + 1^2}$$

因

$$e^{-t}\cos t \leftrightarrow \frac{s+1}{(s+1)^2+1^2}$$

$$e^{-t}\sin t \leftrightarrow \frac{1}{(s+1)^2+1^2}$$

故有

$$f(t) = e^{-t}\cos t + e^{-t}\sin t = \sqrt{2}\,e^{-t}\cos\left(t - \frac{\pi}{4}\right)$$

这里用配方法避免了复数运算,过程相对比较简单。

3. F(s)的极点为多重极点

设 s_i 为 $F(s)$ 的 k 重极点

$$F(s) = \frac{b_m s^m + b_{m-1}s^{m-1} + \cdots + b_1 s + b_0}{a_n(s-s_1)(s-s_2)\cdots(s-s_i)^k} \tag{5-48}$$

则展开式应为

$$F(s) = \frac{K_1}{s-s_1} + \frac{K_2}{s-s_2} + \cdots + \frac{K_{i0}}{(s-s_i)^k} + \frac{K_{i1}}{(s-s_i)^{k-1}} + \cdots + \frac{K_{ik-1}}{s-s_i} \tag{5-49}$$

对于非重根,系数的求法和前面一样,对于重根则需用求导的方法求系数。下面以 $s = s_1$ 为 $F(s)$ 的三重极点为例说明重根的系数的求法。

设 $F(s) = \dfrac{N(s)}{(s-s_1)^3}$,则 $F(s)$ 进行分解时,与 s_1 有关的分式有三项,即

$$F(s) = \frac{K_{11}}{(s-s_1)^3} + \frac{K_{12}}{(s-s_1)^2} + \frac{K_{13}}{(s-s_1)} \tag{5-50}$$

确定系数 K_{11}、K_{12}、K_{13} 时按如下方法进行:将上式两边乘以 $(s-s_1)^3$,得

$$(s-s_1)^3 F(s) = K_{11} + K_{12}(s-s_1) + K_{13}(s-s_1)^2 \tag{5-51}$$

令 $s = s_1$,代入上式,则 K_{11} 就被分离出来,即

$$K_{11} = (s-s_1)^3 F(s)\big|_{s=s_1}$$

再对式(5-51)两边对 s 求导一次,得

$$\frac{\mathrm{d}}{\mathrm{d}s}\left[(s-s_1)^3 F(s)\right] = K_{12} + 2K_{13}(s-s_1)$$

再以 $s = s_1$ 代入上式,则可分离出 K_{12},即

$$K_{12} = \frac{\mathrm{d}}{\mathrm{d}s}\left[(s-s_1)^3 F(s)\right]\big|_{s=s_1}$$

用同样方法可以确定 K_{13} 为

$$K_{13} = \frac{1}{2} \cdot \frac{\mathrm{d}^2}{\mathrm{d}s^2}\left[(s-s_1)^3 F(s)\right]\big|_{s=s_1}$$

由以上对三重极点讨论的结果可以推出 k 阶重根的分解式为

$$F(s) = \frac{K_{11}}{(s-s_1)^k} + \frac{K_{12}}{(s-s_1)^{k-1}} + \cdots + \frac{K_{1k}}{s-s_1} \tag{5-52}$$

其系数分别为

$$K_{11} = (s-s_1)^k F(s)\big|_{s=s_1}$$

$$K_{12} = \frac{\mathrm{d}}{\mathrm{d}s} \left[(s - s_1)^k F(s) \right] \Big|_{s=s_1}$$

$$K_{13} = \frac{1}{2} \frac{\mathrm{d}^2}{\mathrm{d}s^2} \left[(s - s_1)^k F(s) \right] \Big|_{s=s_1}$$

一般地,为

$$K_{1n} = \frac{1}{(n-1)!} \cdot \frac{\mathrm{d}^{n-1}}{\mathrm{d}s^{n-1}} \left[(s - s_1)^k F(s) \right] \Big|_{s=s_1} \tag{5-53}$$

式中,$n = 1, 2, 3, \cdots, k$。式(5-53)称为海维塞德公式。

由表 5-1 可知,拉普拉斯变换对

$$\frac{K}{(s - s_1)^k} \leftrightarrow \frac{K}{(k-1)!} t^{k-1} \mathrm{e}^{s_1 t} \tag{5-54}$$

故当确定式(5-52)的展开式后,即可由上式给出原函数 $f(t)$。

例 5-13 设有象函数 $F(s) = \dfrac{1}{s(s+3)(s+2)^3}$,试求原函数 $f(t)$。

解 此题用到公式

$$\left(\frac{u}{v} \right)' = \frac{u'v - uv'}{v^2}$$

因 $F(s)$ 有 $s = -2$ 三重根,所以展开式为

$$F(s) = \frac{K_{11}}{(s+2)^3} + \frac{K_{12}}{(s+2)^2} + \frac{K_{13}}{s+2} + \frac{K_2}{s} + \frac{K_3}{s+3}$$

求系数

$$K_{11} = F(s)(s+2)^3 \Big|_{s=-2} = \frac{1}{s(s+3)} \Big|_{s=-2} = -\frac{1}{2}$$

$$K_{12} = \frac{\mathrm{d}}{\mathrm{d}s} \left[F(s)(s+2)^3 \right] \Big|_{s=-2} = \frac{\mathrm{d}}{\mathrm{d}s} \left[\frac{1}{s(s+3)} \right] \Big|_{s=-2} = \frac{-(2s+3)}{s^2(s+3)^2} \Big|_{s=-2} = \frac{1}{4}$$

$$K_{13} = \frac{1}{2!} \frac{\mathrm{d}^2}{\mathrm{d}s^2} \left[F(s)(s+2)^3 \right] \Big|_{s=-2} = \frac{1}{2!} \frac{\mathrm{d}^2}{\mathrm{d}s^2} \left[\frac{1}{s(s+3)} \right] \Big|_{s=-2}$$

$$= -\frac{1}{2!} \frac{\mathrm{d}}{\mathrm{d}s} \left[\frac{-(2s+3)}{s^2(s+3)^2} \right] \Big|_{s=-2} = -\frac{1}{2} \times \frac{2s \left[s(s+3) - (2s+3)^2 \right]}{s^4(s+3)^3} \Big|_{s=-2} = -\frac{3}{8}$$

$$K_2 = F(s) \cdot s \Big|_{s=0} = \frac{1}{(s+2)^3(s+3)} \Big|_{s=0} = \frac{1}{24}$$

$$K_3 = F(s) \cdot (s+3) \Big|_{s=-3} = \frac{1}{s(s+2)^3} \Big|_{s=-3} = \frac{1}{3}$$

所以

$$F(s) = \frac{-\dfrac{1}{2}}{(s+2)^3} + \frac{\dfrac{1}{4}}{(s+2)^2} - \frac{\dfrac{3}{8}}{s+2} + \frac{\dfrac{1}{24}}{s} + \frac{\dfrac{1}{3}}{s+3}$$

查表可得

$$f(t) = -\frac{1}{4} t^2 \mathrm{e}^{-2t} + \frac{1}{4} t \mathrm{e}^{-2t} - \frac{3}{8} \mathrm{e}^{-2t} + \frac{1}{24} + \frac{1}{3} \mathrm{e}^{-3t}$$

$$= \frac{1}{4}(-t^2 + t - 1.5)e^{-2t} + \frac{1}{3}e^{-3t} + \frac{1}{24}$$ ∎

除以上 $F(s)$ 具有有理分式等三种情况外,还有一种情况,即 $F(s)$ 中含有 e^{-s} 的非有理式。此时要用时移性质求逆变换。

例 5-14 已知 $F(s) = \dfrac{1}{s^2+1}e^{-s}$,求 $f(t)$。

解 因为

$$\mathcal{L}^{-1}\left[\frac{1}{s^2+1}\right] = \sin t$$

利用时移性质

$$\mathcal{L}^{-1}\left[e^{-st_0}F(s)\right] = f(t-t_0)\varepsilon(t-t_0), \quad t_0 = 1$$

得

$$f(t) = \sin(t-1)\varepsilon(t-1)$$ ∎

5.4 复频域数学模型——传递函数

5.4.1 传递函数的定义

对于单输入单输出的 LTI 系统而言,其输入信号 $f(t)$ 和输出信号 $y(t)$ 之间可由 n 阶常系数线性微分方程描述,即

$$a_n y^{(n)}(t) + a_{n-1}y^{(n-1)}(t) + \cdots + a_1 y^{(1)}(t) + a_0 y(t)$$
$$= b_m f^{(m)}(t) + b_{m-1}f^{(m-1)}(t) + \cdots + b_1 f^{(1)}(t) + b_0 f(t) \tag{5-55}$$

设输入 $f(t)$ 为在 $t=0$ 时刻加入的因果函数,且系统为零状态,则有

$$f(0_-) = f^{(1)}(0_-) = f^{(2)}(0_-) = \cdots = 0$$
$$y(0_-) = y^{(1)}(0_-) = y^{(2)}(0_-) = \cdots = 0$$

对式(5-55)两边取拉普拉斯变换,根据微分性质,可得

$$(a_n s^n + a_{n-1}s^{n-1} + \cdots + a_1 s + a_0)Y(s) = (b_m s^m + b_{m-1}s^{m-1} + \cdots + b_1 s + b_0)F(s)$$

那么传递函数 $H(s)$ 就是在零状态下,系统响应的拉普拉斯变换 $Y(s)$ 与激励的拉普拉斯变换 $F(s)$ 之比。即

$$H(s) = \frac{Y(s)}{F(s)} = \frac{b_m s^m + b_{m-1}s^{m-1} + \cdots + b_1 s + b_0}{a_n s^n + a_{n-1}s^{n-1} + \cdots + a_1 s + a_0} \tag{5-56}$$

可见,已知系统时域描述的微分方程,就很容易直接写出系统复频域描述的传递函数,反之亦然。

传递函数 $H(s)$ 是一种数学模型,它表示联系输出量和输入量的微分方程的一种运算方法,仅取决于系统的结构参数,即由系统特性决定;$H(s)$ 是在零状态下得到的;线性时不变系统的 $H(s)$ 是 s 的有理函数,分子、分母的系数均为实数。

若传递函数 $H(s)$ 和输入信号的象函数 $F(s)$ 已知,则有响应函数

$$Y(s) = F(s)H(s) \tag{5-57}$$

$H(s)$ 是 $h(t)$ 取拉普拉斯变换的结果,即

$$H(s) = \int_{0_-}^{\infty} h(t)\mathrm{e}^{-st}\,\mathrm{d}t \tag{5-58}$$

可见,系统的冲激响应 $h(t)$ 与传递函数构成拉普拉斯变换对。$h(t)$ 与 $H(s)$ 分别从时域和复频域两个方面表征了同一系统的特性。由此可得时域分析和 s 域分析的对应关系,如图 5-7 所示。

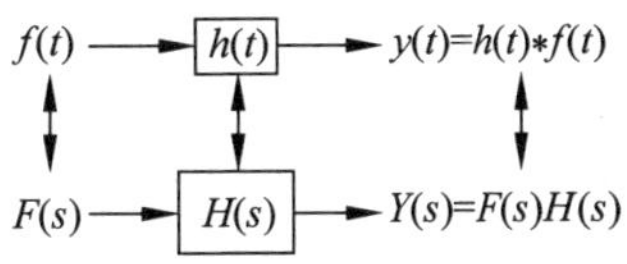

图 5-7 时域分析与 s 域分析对应关系

综上所述,$H(s)$ 可以由零状态下从系统的微分方程经过拉普拉斯变换求得,或从系统的冲激响应求拉氏变换而得到。

例 5-15 已知描述系统的微分方程如下,求传递函数和系统的冲激响应。

$$\frac{\mathrm{d}^2 y(t)}{\mathrm{d}t^2} + 6\frac{\mathrm{d}y(t)}{\mathrm{d}t} + 5y(t) = 3\frac{\mathrm{d}x(t)}{\mathrm{d}t} + 11x(t)$$

解 直接写出系统传递函数为

$$H(s) = \frac{3s+11}{s^2+6s+5} = \frac{3s+11}{(s+1)(s+5)} = \frac{2}{s+1} + \frac{1}{s+5}$$

进行拉普拉斯逆变换,得到系统的冲激响应为

$$h(t) = \mathcal{L}^{-1}\big[H(s)\big] = (2\mathrm{e}^{-t} + \mathrm{e}^{-5t})\varepsilon(t) \qquad ■$$

顺便指出,系统的阶跃响应也可以通过 s 域求得。由于

$$s(t) = \int_{0_-}^{t} h(\tau)\mathrm{d}\tau \tag{5-59}$$

由积分定理,得

$$S(s) = \frac{1}{s}H(s)$$

故阶跃响应

$$s(t) = \mathcal{L}^{-1}\left[\frac{1}{s}H(s)\right] \tag{5-60}$$

对于给定的系统,根据所取响应变量和激励变量的不同,其传递函数具有不同的意义。

例如图 5-8(a)所示单端口系统,若以 $I(s)$ 为激励,$U(s)$ 为响应,则传递函数为输入阻抗或策动点阻抗,即

$$H(s) = \frac{U(s)}{I(s)} = Z_{\text{in}}(s) \tag{5-61}$$

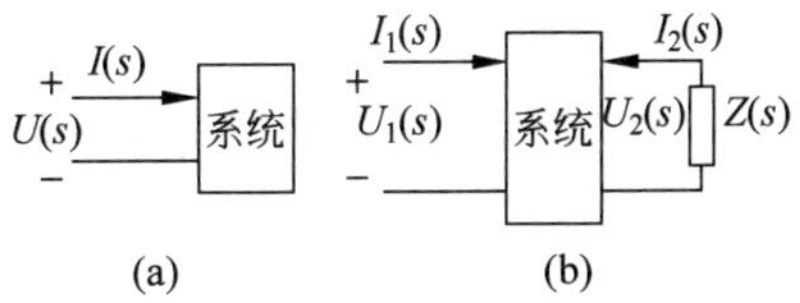

图 5-8 传递函数的含义示意图

反之,若以 $I(s)$ 为响应,$U(s)$ 为激励,则传递函数为输入导纳或策动点导纳,即

$$H(s) = \frac{I(s)}{U(s)} = Y_{\text{in}}(s) \tag{5-62}$$

对于图 5-8(b)所示双端口系统,若系统的响应与激励不在同一端口,则传递函数称为转移函数。例如

转移电压比(电压增益)

$$H(s) = \frac{U_2(s)}{U_1(s)} \tag{5-63}$$

转移电流比(电流增益)

$$H(s) = \frac{I_2(s)}{I_1(s)} \tag{5-64}$$

转移阻抗

$$H(s) = \frac{U_2(s)}{I_1(s)} \tag{5-65}$$

转移导纳

$$H(s) = \frac{I_2(s)}{U_1(s)} \tag{5-66}$$

对于具体的电路,$H(s)$还可以用零状态下的复频域等效电路(模型)求得。

例5-16 电路如图5-9所示,响应分别为$u_C(t)$和$i_L(t)$,求对应的传递函数。

$$H_1(s) = \frac{U_C(s)}{X(s)}, \quad H_2(s) = \frac{I_L(s)}{X(s)}$$

解 直接由分压、分流公式可以得到

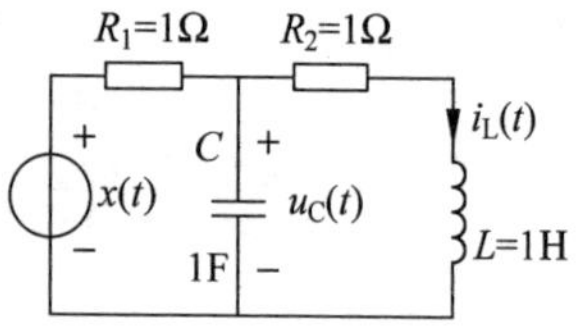

图5-9 例5-16的电路图

$$H_1(s) = \frac{U_C(s)}{X(s)} = \frac{(R_2+sL)//\dfrac{1}{sC}}{(R_2+sL)//\dfrac{1}{sC}+R_1}$$

$$= \frac{(1+s)//\dfrac{1}{s}}{(1+s)//\dfrac{1}{s}+1} = \frac{s+1}{s^2+2s+2}$$

$$H_2(s) = \frac{I_L(s)}{X(s)} = \frac{H_1(s)}{R_2+sL} = \frac{1}{s^2+2s+2}$$

5.4.2 传递函数的零、极点形式

一般来说,线性系统的传递函数是以多项式之比的形式出现的

$$H(s) = \frac{b_m s^m + b_{m-1}s^{m-1}+\cdots+b_1 s+b_0}{a_n s^n + a_{n-1}s^{n-1}+\cdots+a_1 s+a_0} = \frac{N(s)}{D(s)} \tag{5-67}$$

将传递函数的分子、分母进行因式分解,进一步可得

$$H(s) = H_0 \frac{(s-z_1)(s-z_2)\cdots(s-z_m)}{(s-s_1)(s-s_2)\cdots(s-s_n)} = H_0 \frac{\prod\limits_{j=1}^{m}(s-z_j)}{\prod\limits_{i=1}^{n}(s-s_i)} \tag{5-68}$$

$H(s)$的分母多项式$D(s)=0$的根$s_i(i=1,2,\cdots,n)$称为传递函数的极点;

$H(s)$的分子多项式$N(s)=0$的根$z_j(j=1,2,\cdots,m)$称为传递函数的零点。

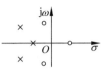

图 5-10　传递函数的零、极点示意图

极点使 $H(s)$ 变为无穷大，零点使 $H(s)$ 变为零。$H_0 = \dfrac{b_m}{a_n}$ 为一常数。如 $H(s)$ 的零、极点和 H_0 已知，则传递函数就完全确定。若把 $H(s)$ 的零、极点都表示在 s 复平面上，则称为传递函数的零、极点图。其中零点用"。"表示，极点用"×"表示，如图 5-10 所示。若为 n 重零点或极点，可在其旁注以 (n)。

例 5-17　已知传递函数为 $H(s) = \dfrac{s^2 + 3s}{s^4 + 6s^3 + 14s^2 + 14s + 5}$，求其零、极点，并画出零极点图。

解

$$H(s) = \frac{s^2 + 3s}{s^4 + 6s^3 + 14s^2 + 14s + 5} = \frac{s(s+3)}{(s+1)^2(s^2 + 4s + 5)}$$

$$= \frac{s(s+3)}{(s+1)^2(s+2+j)(s+2-j)}$$

故其极点为

$$s_1 = -1 \text{(二阶极点)}$$

$$s_2 = -2 - j, \quad s_3 = -2 + j \text{(一阶共轭极点)}$$

零点为

$$z_1 = 0, \quad z_2 = -3$$

该传递函数的零、极点图如图 5-11 所示。若 $H(s)$ 的零、极点为复数则必然成对地出现。 ■

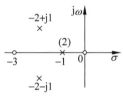

图 5-11　例 5-17 的零、极点图示

5.4.3　传递函数的零、极点分布与时域特性的关系

借助传递函数在 s 平面的零、极点分布的研究，可以简明、直观地给出系统响应的许多规律，以统一的观点阐明系统诸方面的性能。零、极点的分布不仅可以揭示系统的时域特性的规律，而且还可用来阐明系统的频率响应特性和系统的稳定性等方面的性能。这里只介绍 $H(s)$ 的零、极点分布与时域特性的关系和利用 $H(s)$ 判断稳定性的方法。

由于复频域内的传递函数 $H(s)$ 对应着时域内系统的冲激响应 $h(t)$，故极点在 s 平面上的位置确定了冲激响应 $h(t)$ 的变化模式。设 $H(s)$ 仅有 n 个单极点，则可展开为

$$H(s) = \sum_{i=1}^{n} \frac{K_i}{s - s_i}$$

其逆变换

$$h(t) = \sum_{i=1}^{n} k_i \mathrm{e}^{s_i t} \varepsilon(t) \tag{5-69}$$

可见，$H(s)$ 的每一个极点 s_i，都对应着 $h(t)$ 中的指数响应模式。

例如，若 $H(s)$ 的部分分式具有如下形式

$$H(s) = \frac{1}{s} + \frac{1}{s + \alpha} + \frac{\omega_0}{s^2 + \omega_0^2} + \frac{\omega_0}{(s + \alpha)^2 + \omega_0^2}$$

则对应的冲激响应为

$$h(t) = \mathcal{L}^{-1}[H(s)] = \varepsilon(t) + e^{-at}\varepsilon(t) + \sin\omega_0 t\varepsilon(t) + e^{-at}\sin\omega_0 t\varepsilon(t)$$

归纳起来,$H(s)$的极点位置与冲激响应模式间的对应关系可分述如下:

1. H(s)的一阶极点位置与 h(t)的对应关系

(1) 极点位于 s 平面坐标原点,如

$$H(s) = \frac{1}{s} \leftrightarrow h(t) = \varepsilon(t)$$

(2) 若极点位于 s 平面实轴上,如

$$H(s) = \frac{1}{s+a} \leftrightarrow h(t) = e^{-at}\varepsilon(t)$$

极点位于 s 平面负实轴时,对应关系见图 5-12。
极点位于 s 平面正实轴时,对应关系见图 5-13。

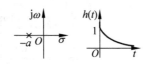

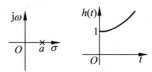

图 5-12　极点位于 s 平面负实轴,
$h(t)$为衰减指数函数

图 5-13　极点位于 s 平面正实轴,
$h(t)$为增长指数函数

(3) 虚轴上的共轭极点给出等幅振荡,如

$$H(s) = \frac{\omega}{s^2 + \omega_0^2} \leftrightarrow h(t) = \sin\omega_0 t\varepsilon(t)$$

对应关系见图 5-14。

(4) 左半 s 平面内共轭极点对,如

$$H(s) = \frac{\omega_0}{(s+a)^2 + \omega_0^2} \leftrightarrow h(t) = e^{-at}\sin\omega_0 t\varepsilon(t) \quad a > 0$$

对应关系见图 5-15。

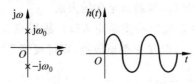

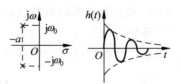

图 5-14　极点位于 s 平面虚轴,
$h(t)$为等幅振荡

图 5-15　极点位于左半平面,
$h(t)$为减幅振荡

(5) 右半 s 平面内共轭极点对,如

$$H(s) = \frac{\omega_0}{(s-a)^2 + \omega_0^2} \leftrightarrow h(t) = e^{at}\sin\omega_0 t\varepsilon(t) \quad a > 0$$

对应关系见图 5-16。

2. H(s)的二阶极点位置与 h(t)的对应关系

(1) s 平面坐标原点的二阶极点,如

$$H(s) = \frac{1}{s^2} \leftrightarrow h(t) = t\varepsilon(t)$$

对应关系见图 5-17。

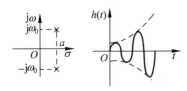
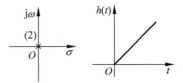

图 5-16　极点位于右半平面,
$h(t)$ 为增幅振荡

图 5-17　s 平面原点是二阶极点,
$h(t)$ 为直线

(2) 负实轴上的二阶极点,如

$$H(s) = \frac{1}{(s+a)^2} \leftrightarrow h(t) = t\mathrm{e}^{-at}\varepsilon(t) \quad a > 0$$

对应关系见图 5-18。

(3) 虚轴上的二阶共轭极点,如

$$H(s) = \frac{2\omega_0 s}{(s^2 + \omega_0^2)^2} \leftrightarrow h(t) = t\sin\omega_0 t\varepsilon(t)$$

对应关系见图 5-19。

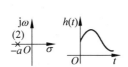
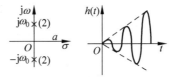

图 5-18　负实轴上的二阶极点时,
$t\mathrm{e}^{-at}$ 的波形

图 5-19　虚轴上的二阶共轭极点,
$h(t)$ 为增幅振荡

　　$H(s)$ 的零点位置只影响冲激响应的幅度和相位,而对冲激响应的变化模式没有影响。
为说明这一点,设

$$H(s) = \frac{s+3}{(s+3)^2 + 2^2}$$

其零点 $z_1 = -3$,极点 $s_1 = -3 + 2\mathrm{j}$,$s_2 = -3 - 2\mathrm{j}$,对应的冲激响应为

$$h(t) = \mathrm{e}^{-3t}\cos 2t\varepsilon(t)$$

若 $H(s)$ 变为

$$H(s) = \frac{s+1}{(s+3)^2 + 2^2}$$

其极点不变,零点变为 $z_1 = -1$,则

$$H(s) = \frac{s+3-2}{(s+3)^2 + 2^2} = \frac{s+3}{(s+3)^2 + 2^2} - \frac{2}{(s+3)^2 + 2^2}$$

其逆变换为

$$h(t) = (e^{-3t}\cos2t - e^{-3t}\sin2t)\varepsilon(t)$$

可见零点位置不会改变 $h(t)$ 的变化模式,而只会影响其幅度和相位。

3. $H(s)$ 与系统稳定性

稳定系统是指对于有界的激励产生有界的响应的系统。如果对于有界的激励产生无限增大的响应,则系统是不稳定的。稳定性是系统本身特性的反映。

连续时间 LTI 系统为因果系统的充要条件为

$$h(t) = 0 \quad t < 0$$

连续时间因果 LTI 系统稳定的充要条件是冲激响应绝对可积,即

$$\int_{-\infty}^{\infty} |h(t)| \, dt < \infty$$

由传递函数的极点分布可以判断连续时间因果 LTI 系统的稳定性

(1) 当 $H(s)$ 的所有极点全部位于 s 平面的左半平面,不包含虚轴,则系统是稳定的;

(2) 当 $H(s)$ 在平面虚轴上有一阶极点,其余所有极点全部位于 s 平面的左半平面,则系统是临界稳定的;

(3) 当 $H(s)$ 含有右半平面的极点或虚轴上有二阶或二阶以上的极点时,系统是不稳定的。

对于三阶以上的系统要判断其稳定性并不容易,劳斯判据提供了一种简便的方法。

设 $H(s)$ 的分母多项式为

$$D(s) = a_n s^n + a_{n-1} s^{n-1} + \cdots + a_1 s + a_0 \tag{5-70}$$

(4) 对于一阶、二阶系统,系统稳定的充要条件为 $D(s)$ 的全部系数非零且都为正数。

(5) 对三阶系统,系统稳定的充要条件为 $D(s)$ 的全部系数都为正数,且满足

$$a_1 a_2 > a_0 a_3 \tag{5-71}$$

(6) 对于四阶系统,系统稳定的充要条件是 $D(s)$ 的各项系数全为正,且满足

$$a_2 a_3 - a_1 a_4 > 0 \quad a_1 a_2 a_3 - a_1^2 a_4 - a_0 a_3^2 > 0 \tag{5-72}$$

例如,设

$$H(s) = \frac{3s}{s^3 + 4s^2 + 6s + 4}$$

分母 $D(s)$ 中,$a_0 = 4$,$a_1 = 6$,$a_2 = 4$,$a_3 = 1$,满足 $a_1 a_2 > a_0 a_3$,因而系统稳定。如果设

$$H(s) = \frac{2s+1}{s^3 + s^2 + 4s + 10}$$

分母 $D(s)$ 中,$a_0 = 10$,$a_1 = 4$,$a_2 = 1$,$a_3 = 1$,显然,$a_1 a_2 < a_0 a_3$,故系统不稳定。

5.5　拉普拉斯变换在系统复频域分析中的应用

在许多工程技术和科学领域中,拉普拉斯变换有着广泛的应用,特别是在电学系统、自动控制系统、力学系统中。人们在研究这些系统时,往往是从实际问题出发,将研究的对象归结为一个数学模型,在许多场合下,数学模型是线性的,它们可以用微分方程来描述。这

样,人们发现用拉普拉斯变换方法去分析和求解这类方程是十分有效的,甚至是不可缺少的。

5.5.1 用拉普拉斯变换法解线性常系数微分方程

用拉普拉斯变换法求解微分方程,主要利用拉普拉斯变换的微分定理。

以二阶常系数线性微分方程

$$a_2 y''(t) + a_1 y'(t) + a_0 y(t) = b_1 f'(t) + b_0 f(t)$$

为例对上式两边取拉普拉斯变换,并假定激励为有始函数,即 $t < 0$ 时,$f(t) = 0$,因而,$f(0_-) = f'(0_-) = 0$。利用时域微分性质,有

$$a_2 [s^2 Y(s) - s y(0^-) - y'(0^-)] + a_1 [s Y(s) - y(0^-)] + a_0 Y(s) = b_1 s F(s) + b_0 F(s)$$

由此可见,时域中的微分方程已转换为复频域中的代数方程,并且自动地引入初始状态,这样十分便于直接求出全响应。全响应的象函数为

$$Y(s) = \frac{b_1 s + b_0}{a_2 s^2 + a_1 s + a_0} F(s) + \frac{a_2 s y(0^-) + a_2 y'(0^-) + a_1 y(0^-)}{a_2 s^2 + a_1 s + a_0}$$

$$= Y_{zs}(s) + Y_{zi}(s) \tag{5-73}$$

上式表明,响应由两部分组成:一部分是由激励产生的零状态响应;另一部分是由系统的初始状态产生的零输入响应。

例 5-18 求方程 $y''(t) + 2y'(t) - 3y(t) = e^{-t}$ 满足初始条件 $y(0) = 0$,$y'(0) = 1$ 的解。

解 设 $\mathcal{L}[y(t)] = Y(s)$。对方程的两边取拉普拉斯变换,并考虑到初始条件,则

$$s^2 Y(s) - 1 + 2s Y(s) - 3 Y(s) = \frac{1}{s+1}$$

得

$$Y(s) = \frac{s+2}{(s+1)(s-1)(s+3)}$$

将其化为部分分式的形式

$$Y(s) = \frac{s+2}{(s+1)(s-1)(s+3)} = \frac{-\dfrac{1}{4}}{s+1} + \frac{\dfrac{3}{8}}{s-1} + \frac{-\dfrac{1}{8}}{s+3}$$

取逆变换,最后得

$$y(t) = -\frac{1}{4} e^{-t} + \frac{3}{8} e^t - \frac{1}{8} e^{-3t} = \frac{1}{8}(3e^t - 2e^{-t} - e^{-3t}) \qquad \blacksquare$$

本例是一个常系数非齐次线性常微分方程满足初始条件的求解问题。

例 5-19 求方程 $y''(t) - 2y'(t) + y(t) = 0$ 满足边界条件 $y(0) = 0$,$y(l) = 4$ 的解,其中 l 为已知常数。

解 设 $\mathcal{L}[y(t)] = Y(s)$。对方程的两边取拉氏变换,并考虑到边界条件,则

$$s^2 Y(s) - s y(0) - y'(0) - 2[s Y(s) + y(0)] + Y(s) = 0$$

整理后得

$$Y(s) = \frac{y'(0)}{(s-1)^2}$$

取拉普拉斯逆变换得

$$y(t) = y'(0)t\,e^t$$

为了确定 $y'(0)$，令 $t = l$，代入上式，由第二个边界条件

$$4 = y(l) = y'(0)l\,e^l$$

从而

$$y'(0) = \frac{4}{l}e^{-l}$$

于是

$$y(t) = \frac{4}{l}t\,e^{t-l} \qquad\blacksquare$$

本例是所求微分方程满足边界条件的解。通过求解过程可以发现，常系数线性微分方程的边界问题可以先当作它的初值问题来求解，而所得微分方程的解中含有未知的初值可由已知的边值求得，从而最后完全确定微分方程满足边界条件的解。

例 5-20 求方程组的解

$$\begin{cases} x''(t) - 2y'(t) - x(t) = 0 \\ x'(t) - y(t) = 0 \end{cases}$$

满足初始条件 $x(0) = 0, x'(0) = 1, y(0) = 1$。

解 对方程组两端取拉普拉斯变换，设 $y(t) \leftrightarrow Y(s), x(t) \leftrightarrow X(s)$，并考虑初始条件，有

$$\begin{cases} s^2 X(s) - sx(0) - x'(0) - 2[sY(s) - y(0)] - X(s) = 0 \\ sX(s) - x(0) - Y(s) = 0 \end{cases}$$

解得

$$\begin{cases} X(s) = \dfrac{1}{s^2 + 1} \\ Y(s) = \dfrac{s}{s^2 + 1} \end{cases}$$

对 $X(s)$ 和 $Y(s)$ 求拉普拉斯逆变换，可得方程组的解

$$\begin{cases} x(t) = \sin t \\ y(t) = \cos t \end{cases}$$

例 5-21 已知二阶 LTI 系统方程

$$y''(t) + 3y'(t) + 2y(t) = f'(t) + 4f(t)$$

系统初始状态 $y(0_-) = 0, y'(0_-) = 2$，输入 $f(t) = \varepsilon(t)$，试求零输入响应、零状态响应和全响应。

解 对方程两边取拉普拉斯变换，得

$$s^2 Y(s) - sy(0_-) - y'(0_-) + 3[sY(s) - y(0_-)] + 2Y(s) = (s+4)F(s)$$

整理可得

$$Y(s) = \frac{s+4}{s^2 + 3s + 2}F(s) + \frac{(s+3)y(0_-) + y'(0_-)}{s^2 + 3s + 2}$$

代入初始状态和 $F(s) = \dfrac{1}{s}$，得

$$Y(s) = \underbrace{\frac{s+4}{s(s^2+3s+2)}}_{Y_{zs}(s)} + \underbrace{\frac{2}{s^2+3s+2}}_{Y_{zi}(s)}$$

对 $Y_{zs}(s)$ 和 $Y_{zi}(s)$ 取拉普拉斯逆变换,得

$$y_{zs}(t) = (2 - 3e^{-t} + e^{-2t})\varepsilon(t)$$

$$y_{zi}(t) = (2e^{-t} - 2e^{-2t})\varepsilon(t)$$

全响应

$$y(t) = y_{zs}(t) + y_{zi}(t) = (2 - e^{-t} - e^{-2t})\varepsilon(t)$$ ■

从以上的例题可以看出,用拉普拉斯变换求线性常系数微分方程及其方程组时,有如下优点:

(1) 通过拉普拉斯变换将时域中的微分方程变换为复频域中的代数方程。在求解过程中,初始条件也同时用上了,求出的结果就是所需的解,避免了先求通解,再根据初始条件求出特解的复杂运算;

(2) 对于一个非齐次的线性微分方程来说,当非齐次项不是连续函数,比如含有 $\delta(t)$ (例 5-21),用拉普拉斯变换求解也没有任何困难,而用微分方程的一般解法就会困难得多;

(3) 用拉普拉斯变换求解微分方程组时,不仅比微分方程组的一般解法要简单得多,而且可以单独求出某一个未知数,而不需要知道其余的未知数,这在微分方程组的一般解法中通常是不可能的。

此外,用拉普拉斯变换法求解的步骤明确、规范,便于在工程上应用,而且有现成的拉普拉斯变换表,可以直接获得原函数(即方程的解)。

5.5.2 拉普拉斯变换在电路分析中的应用

用拉氏变换法分析电路系统时,甚至不必列写出系统的微分方程,而直接利用电路的 s 域模型列写电路方程,就可以获得响应的象函数,再逆变换即可得到原函数。

下面先介绍电路元件的 s 域模型。

1. 电阻元件

图 5-20 所示电阻元件 R 上的时域电压电流关系为一代数方程,即

$$u(t) = Ri(t)$$

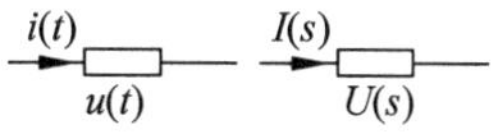

图 5-20　电阻的 s 域模型

两边取拉普拉斯变换,可得复频域(s 域)中电压电流象函数关系为

$$U(s) = RI(s) \tag{5-74}$$

由此得出相应的 s 域模型如图 5-20 所示。

2. 电容元件

图 5-21(a)所示电容元件 C 上的电压电流关系为

$$i(t) = C \frac{\mathrm{d}u_C(t)}{\mathrm{d}t}$$

两边取拉普拉斯变换,利用微分性质,并记 $i(t) \leftrightarrow I(s)$,$u_C(t) \leftrightarrow U_C(s)$,当 $t \geq 0$ 时,有

$$I(s) = sCU_C(s) - Cu_C(0_-) \tag{5-75}$$

或

$$U_C(s) = \frac{1}{sC}I(s) + \frac{u_C(0_-)}{s} \tag{5-76}$$

由此可得相应的 s 域模型如图 5-21(b)、(c)所示。其中 $\dfrac{1}{sC}$ 称为电容的 s 域阻抗,或称为运算阻抗。而 $Cu_C(0_-)$ 和 $\dfrac{u_C(0_-)}{s}$ 分别为附加电流源和附加电压源的量值。它反映了起始储能对响应的影响。

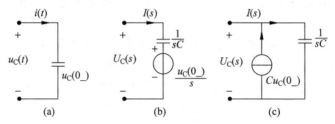

图 5-21 电容的 s 域模型

3. 电感元件

图 5-22(a)所示电感 L 上的电压电流关系为

$$u(t) = L \frac{\mathrm{d}i_L(t)}{\mathrm{d}t}$$

两边取拉氏变换,可得 $t \geq 0$ 时的 s 域关系为

$$U(s) = sLI_L(s) - Li_L(0_-) \tag{5-77}$$

或

$$I_L(s) = \frac{1}{sL}U(s) + \frac{i_L(0_-)}{s} \tag{5-78}$$

由此可得相应的 s 域模型如图 5-22(b)、(c)所示。其中 sL 为电感的运算阻抗,$Li_L(0_-)$ 和 $\dfrac{i_L(0_-)}{s}$ 分别为与 $i_L(0_-)$ 有关的附加电压源和附加电流源的量值。它同样反映了 L 中起始储能对响应的影响。

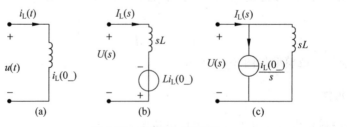

图 5-22 电感的 s 域模型

把电路中每个元件都用它的复频域模型来代替,将信号源及各分析变量用其拉普拉斯变换式代替,就可由时域电路模型得到复频域电路模型。在复频域电路中,电压 $U(s)$ 与电流 $I(s)$ 的关系是代数关系,可以应用与电阻电路一样的分析方法与定理列写求解响应的变换式。

在 s 域中分析电路,仍然离不开基尔霍夫定律。

由 KCL,有

$$\sum i(t) = 0$$

由 KVL,有

$$\sum u(t) = 0$$

分别对两式取拉普拉斯变换,可得基尔霍夫定律的 s 域形式为

$$\sum I(s) = 0$$
$$\sum U(s) = 0 \tag{5-79}$$

应用上述定律可以得到电路的运算阻抗的一般形式。

由上可知,在电网络系统中,当 KCL、KVL 和元件的 VCR 的时域模型用 s 域模型代替后,其定律和阻抗形式完全与正弦稳态时的相量形式一致。因此,用拉普拉斯变换法分析电路时,只要将每个元件用 s 域模型代替,再将信号源用其象函数表示,就可以作出整个电路的 s 域模型,然后应用所学的线性电路的各种分析方法和定理(如节点法、网孔法、叠加定理、戴维南定理等),求解 s 域电路模型,得出待求响应的象函数,最后通过逆变换获得相应的时域解。

例 5-22　已知如图 5-23 所示各电路原已达稳态,$t=0$ 时开关 S 换接,试画出电路的 s 域模型。

解　开关 K 换接前电路已在直流稳态,所以容易求得

$$u_{C1}(0_-) = U_S, \quad u_{C2}(0_-) = 0V$$

电路的 s 域模型如图 5-24 所示。

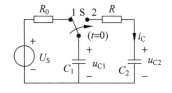

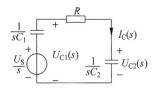

图 5-23　例 5-22 的电路图　　　　　图 5-24　例 5-22 电路的 s 域模型

例 5-23　已知图 5-25 电路原已达稳态,$t=0$ 时开关 S 打开,求 $t>0$ 时的 $u_C(t)$。

解　因为

$$u_C(0_-) = 0.5V, i_L(0_-) = 0.5A$$

所以可得到 s 域电路模型如图 5-26 所示。

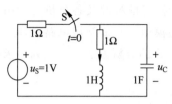

图 5-25 例 5-23 的电路

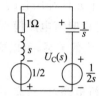

图 5-26 例 5-23 电路的 s 域模型

由节点法得

$$U_C(s) = \frac{\dfrac{1}{2} - \left[\dfrac{\dfrac{1}{2}}{(1+s)}\right]}{\dfrac{1}{s+1} + s} = \frac{\dfrac{1}{2}s}{s^2+s+1} = \frac{\dfrac{1}{2}\left(s+\dfrac{1}{2}\right) - \dfrac{1}{2\sqrt{3}} \times \dfrac{\sqrt{3}}{2}}{\left(s+\dfrac{1}{2}\right)^2 + \left(\dfrac{\sqrt{3}}{2}\right)^2}$$

所以有

$$u_C(t) = e^{-\frac{1}{2}t}\left[\frac{1}{2}\cos\frac{\sqrt{3}}{2}t - \frac{1}{2\sqrt{3}}\sin\frac{\sqrt{3}}{2}t\right]$$

小　　结

1. 拉普拉斯变换

拉普拉斯变换是一种线性积分变换。拉普拉斯变换对为

$$F(s) = \int_0^\infty f(t)e^{-st}\,dt$$

$$f(t) = \frac{1}{2\pi j}\int_{\sigma-j\infty}^{\sigma+j\infty} F(s)e^{st}\,ds$$

2. 拉普拉斯变换的主要性质

（1）线性性质

$$f_1(t) + f_2(t) \leftrightarrow F_1(s) + F_2(s)$$

（2）延时特性

$$f(t-t_0)\varepsilon(t-t_0) \leftrightarrow F(s)e^{-st_0} \quad t_0 > 0$$

（3）尺度变换

$$f(at) \leftrightarrow \frac{1}{a}F\left(\frac{s}{a}\right) \quad a > 0$$

（4）s 域平移特性

$$f(t)e^{\pm s_0 t} \leftrightarrow F(s \mp s_0)$$

（5）微分定理

$$f'(t) \leftrightarrow sF(s) - f(0_-)$$

（6）积分定理

$$\int_{0_-}^{t} f(\tau)\,\mathrm{d}\tau \leftrightarrow \frac{F(s)}{s}$$

（7）初值定理与终值定理

$$\left.\begin{array}{l}\lim_{t\to 0}f(t)=\lim_{s\to\infty}sF(s)\\ \text{或 } f(0_+)=\lim_{s\to\infty}sF(s)\end{array}\right\}$$

$$\left.\begin{array}{l}\lim_{t\to\infty}f(t)=\lim_{s\to 0}sF(s)\\ \text{或 } f(+\infty)=\lim_{s\to 0}sF(s)\end{array}\right\}$$

（8）卷积定理

$$f_1(t) * f_2(t) \leftrightarrow F_1(s)F_2(s)$$

3. 求拉普拉斯逆变换时，经常使用部分分式展开法

（1）$F(s)$ 的所有极点均为单极点，则有

$$F(s)=\frac{K_1}{s-s_1}+\frac{K_2}{s-s_2}+\cdots+\frac{K_n}{s-s_n}=\sum_{i=1}^{n}\frac{K_i}{s-s_i}$$

其中系数

$$K_i=(s-s_i)F(s)\big|_{s=s_i}$$

从而

$$f(t)=K_1\mathrm{e}^{s_1 t}+K_2\mathrm{e}^{s_2 t}+\cdots+K_n\mathrm{e}^{s_n t}$$

（2）$F(s)$ 的极点为共轭复数，设 $D(s)=0$ 中含有一对共轭复根，如 $\alpha+\mathrm{j}\beta$ 和 $\alpha-\mathrm{j}\beta$，则有

$$F(s)=\frac{N(s)}{D_1(s)\big[(s+\alpha)^2+\beta^2\big]}=\frac{N(s)}{D_1(s)(s+\alpha-\mathrm{j}\beta)(s+\alpha+\mathrm{j}\beta)}$$

$$F(s)=\frac{F_1(s)}{(s+\alpha-\mathrm{j}\beta)(s+\alpha+\mathrm{j}\beta)}=\frac{K_1}{s+\alpha-\mathrm{j}\beta}+\frac{K_2}{s+\alpha+\mathrm{j}\beta}+\cdots$$

$$K_1=(s+\alpha-\mathrm{j}\beta)F(s)\big|_{s=-\alpha+\mathrm{j}\beta}=\frac{F_1(-\alpha+\mathrm{j}\beta)}{2\mathrm{j}\beta}$$

$$K_2=(s+\alpha+\mathrm{j}\beta)F(s)\big|_{s=-\alpha-\mathrm{j}\beta}=\frac{F_1(-\alpha-\mathrm{j}\beta)}{-2\mathrm{j}\beta}$$

$$f(t)=K_1\mathrm{e}^{s_1 t}+K_2\mathrm{e}^{s_2 t}+\cdots+K_n\mathrm{e}^{s_n t}$$

（3）$F(s)$ 的极点为多重极点，则有

$$F(s)=\frac{K_1}{s-s_1}+\frac{K_2}{s-s_2}+\cdots+\frac{K_{i0}}{(s-s_i)^k}+\frac{K_{i1}}{(s-s_i)^{k-1}}+\cdots+\frac{K_{ik-1}}{s-s_i}$$

一般地，为

$$K_{1n}=\frac{1}{(n-1)!}\cdot\frac{\mathrm{d}^{n-1}}{\mathrm{d}s^{n-1}}\big[(s-s_1)^k F(s)\big]\big|_{s=s_1}$$

除以上 $F(s)$ 具有有理分式三种情况外，还有一种情况，即 $F(s)$ 中含有 e^{-s} 的非有理式，此时要用时移特性求逆变换。

4. 拉普拉斯变换的应用

对于用微分方程描述的系统,可通过拉普拉斯变换转化为 s 域的代数方程,解方程并经拉普拉斯逆变换得到时域解。

对于线性电路,可以首先转化为 s 域的电路模型,然后利用电路的分析方法求出响应的象函数,再经拉普拉斯逆变换得到时域响应。

习　　题

5-1　试求下列函数的拉普拉斯变换

(1) $f(t)=\mathrm{e}^{-3t}\varepsilon(t)+\sin 2t \cdot \varepsilon(t)$;

(2) $f(t)=\sqrt{2}\cos\left(t+\dfrac{\pi}{4}\right)\varepsilon(t)$。

5-2　求如图 5-27 所示各函数的拉普拉斯变换。

5-3　求如图 5-28 所示函数的拉普拉斯变换。

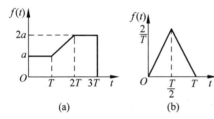

(a)　　　　(b)

图 5-27　题 5-2 的图

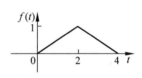

图 5-28　题 5-3 的图

5-4　已知 $F(s)=\dfrac{10}{s(s+1)}$

(1) 求 $t\to\infty$ 时的 $f(t)$ 的值;

(2) 通过取 $F(s)$ 的拉普拉斯逆变换,求 $t\to\infty$ 时 $f(t)$ 的值。

5-5　已知 $F(s)=\dfrac{1}{(s+2)^2}$

(1) 利用初值定理求 $f(0)$ 的值;

(2) 通过取 $F(s)$ 的拉普拉斯逆变换求 $f(t)$,并求 $f'(t)$ 及 $f(0)$ 和 $f'(0)$。

5-6　求下列函数 $F(s)$ 的原函数 $f(t)$:

(1) $F(s)=\dfrac{s+4}{s(s+1)(s+2)}$;

(2) $F(s)=\dfrac{2s^2+6s+6}{s^2+3s+2}$;

(3) $F(s)=\dfrac{2s^2+3s+3}{s^3+6s^2+11s+6}$;

(4) $F(s)=\dfrac{2s^3+8s^2+4s+8}{s(s+1)(s^2+4s+8)}$;

(5) $F(s) = \dfrac{s^2}{(s+1)^3}$;

(6) $F(s) = \dfrac{s+1}{s^2+s-6}$;

(7) $F(s) = \dfrac{s^3+s^2-s+5}{s}$;

(8) $F(s) = \dfrac{2s+5}{(s+2)^2+9}$。

5-7 已知 $\dfrac{d^2 y(t)}{dt^2} + 3\dfrac{dy(t)}{dt} + 2y(t) = x(t)$,求 $H(s)$ 和 $h(t)$。

5-8 如图 5-29 所示系统,以 $u_1(t)$ 为输入,求响应分别为 $i_1(t)$、$i_2(t)$ 和 $u_C(t)$ 时的传递函数。

5-9 给定电路如图 5-30 所示,求对应的系统函数 $H(s) = \dfrac{I_2(s)}{X(s)}$。

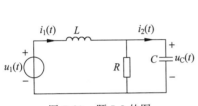

图 5-29 题 5-8 的图

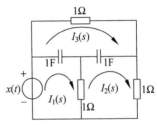

图 5-30 题 5-9 的图

5-10 设某 LTI 系统的阶跃响应 $s(t) = (1-e^{-2t})\varepsilon(t)$,为使系统的零状态响应 $y(t) = (1-e^{-2t}-te^{-2t})\varepsilon(t)$,问系统的输入信号 $f(t)$ 应是什么?

5-11 已知 $H(s) = \dfrac{s[(s-1)^2+1]}{(s+1)^2(s^2+4)} = \dfrac{s(s-1+j)(s-1-j)}{(s+1)^2(s+2j)(s-2j)}$,求其零、极点,并画出零、极点图。

5-12 研究结果表明,某导弹跟踪系统的微分方程为
$$y^{(3)}(t) + 35.714y''(t) + 119.741y'(t) + 98.1y(t)$$
$$= 34.5f''(t) + 119.7f'(t) + 98.1f(t)$$
它在飞行过程中会受到各种干扰,问系统是否能抑制干扰而稳定地工作?

5-13 设有方程
$$y''(t) + 3y'(t) + 2y(t) = e^{-3t}\varepsilon(t)$$
已知 $y(0_-) = 1$,$y'(0_-) = 2$,试求 $y(t)$。

5-14 已知 $\dfrac{d^2 y(t)}{dt^2} + 5\dfrac{dy(t)}{dt} + 6y(t) = 2\dfrac{dx(t)}{dt} + 8x(t)$。其中 $x(t) = e^{-t}u(t)$,起始条件为 $y(0^-) = 3$,$y'(0^-) = 2$,求 $y(t)$。

5-15 求方程组的解
$$\begin{cases} y'' - x'' + x' - y = e^t - 2 \\ 2y'' - x'' - 2y' + x = -t \end{cases}$$

满足初始条件

$$\begin{cases} y(0) = y'(0) = 0 \\ x(0) = x'(0) = 0 \end{cases}$$

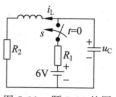

图 5-31 题 5-16 的图

5-16 如图 5-31 所示电路，$t \leqslant 0$ 时电路处于稳态。设 $R_1 = 4\Omega$，$R_2 = 2\Omega, L = \dfrac{1}{4}\mathrm{H}, C = 1\mathrm{F}$，求 $t \geqslant 0$ 时的响应 $u_C(t)$。

数学家拉普拉斯

拉普拉斯(Pierre-Simon Laplace，
1749—1827 年，法国)

【简介】 拉普拉斯，法国数学家，天文学家、法国科学院院士。1749 年 3 月 23 日生于法国西北部卡尔瓦多斯的博蒙昂诺日，1827 年 3 月 5 日死于巴黎。拉普拉斯是一个农民的儿子，家境贫寒，靠邻居资助上学，显露出数学才华，在博蒙军事学校读书不久就成为该校数学教员。1767 年，18 岁的拉普拉斯从乡下带着介绍信到繁华的巴黎去见大名鼎鼎的达朗贝尔，推荐信交上，却久无音信。幸亏拉普拉斯毫不灰心，晚上回到住处，细心地写了一篇力学论文，求教于达朗贝尔。这回引起了达朗贝尔注意，给拉普拉斯回了一封热情洋溢的信，里面有这样的话："你用不着别人的介绍，你自己就是很好的推荐书。"经过达朗贝尔介绍获得巴黎陆军学校数学教授职位。1785 年当选为法国科学院院士。1795 年任综合工科学校教授，后又在巴黎高等师范学校任教授。1816 年成为法兰西学院院士，次年任该院院长。

拉普拉斯的研究领域是多方面的，主要研究天体力学和物理学，认为数学只是一种解决问题的工具，但在运用数学时创造和发展了许多新的数学方法。有概率论、微分方程、复变函数、势函数理论、代数等。

他的代表作有《宇宙体系论》《分析概率论》和《天体力学》等。

【数学方面主要贡献】 拉普拉斯对于概率论也有很大的贡献，1812 年出版了占有重要地位的《概率分析理论》一书。他把自己在概率论上的发现以及前人的所有发现统归一处。今天我们耳熟能详的那些名词，诸如随机变量、数字特征、特征函数、拉普拉斯变换和拉普拉斯中心极限定律等都可以说是拉普拉斯引入或者经他改进的。尤其是拉普拉斯变换，导致了后来海维塞德发现运算微积分在电工理论中的应用。不能不说后来的傅里叶变换、梅逊变换、z 变换和小波变换也受它的影响。

拉普拉斯是分析概率论的创始人，是应用数学的先驱。拉普拉斯用数学方法证明了行星的轨道大小只有周期性变化，这就是著名的拉普拉斯定理。以他的名字命名的拉普拉斯变换和拉普拉斯方程，在科学技术的各个领域有着广泛的应用。

"三 L"指的是法国 18 世纪后期到 19 世纪初数学界著名的三个人物：拉普拉斯、拉格朗日和勒让德，因为他们三个人姓氏的第一个字母都为"L"，又生活在同一时代，所以人们称他们为法国的"三 L"。拉普拉斯不愧为 19 世纪初数学界的巨擘泰斗。

第6章

离散系统的工程数学基础

前几章讨论的是连续系统分析的工程数学的基本方法。在连续系统中,各种信号都是时间和幅值的连续函数。这种在时间和幅值上都连续的信号称为连续(时间)信号或模拟信号。近年来,随着脉冲技术、电子元器件,特别是数字计算机技术的迅速发展,离散系统得到了广泛的应用。与连续系统的区别是,在离散系统中,有一处或几处的信号不是连续信号,而是在一系列离散时刻(如 $t_1, t_2, \cdots$)才有定义的信号,这种信号是离散时间变量 t_n 的函数,称之为离散信号(或离散时间序列)。为了对有用信号进行有效的传输和处理,在工程上,离散信号是按照一定的时间间隔对连续的模拟信号进行采样(取样)得到的,故又称为采样信号。

在系统分析方面,离散系统分析与连续系统分析存在着并行的相似性,表现在如下几个方面:

(1)在系统特性的描述方面,连续系统用输入输出关系描述的数学模型是微分方程,离散时间系统用输入输出关系描述的数学模型则是差分方程。差分方程与微分方程的求解方法在很大程度上具有对应关系。

(2)在系统分析方法方面,连续系统有时域、频域和 s 域分析法,卷积分具有重要意义。离散系统有时域、频域和 z 域分析法,卷积和也具有同等重要的地位。

(3)在系统响应的分析方面,连续系统和离散系统的全响应都可以分解为零输入响应和零状态响应。正是这种并行的相似性,对于更好地理解和掌握离散时间序列与离散系统的分析方法会有较大的帮助。

本章就着重讨论离散时间序列与离散系统的时域与 z 域分析法。

6.1 采样的基本概念

6.1.1 采样过程

所谓采样,就是利用采样脉冲序列 $p(t)$ 从连续信号 $f(t)$ 中抽取一系列的离散样值,这种离散信号通常称为"采样信号"。

采样系统典型的结构图如图 6-1 所示。

图 6-1 中,偏差信号 $e(t)$ 为连续信号,S 为采样开关,在脉冲控制器控制下,对 $e(t)$ 进行周期为 T 的采样,得到离散序列 $e^*(t)$。

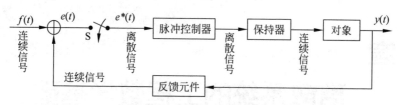

图 6-1 采样系统典型的结构图

在离散系统中,由脉冲控制器和采样开关构成的采样器是一个专门开关装置,它可以是一个机械或机电装置,也可以是一个专用的计算装置(数字控制器)。图 6-2(a)是一个电子开关的示意图,图 6-2(b)为采样器的模型表示。电子开关(常用 MOS 管)周期性地接到 a 和 b,信号 $f(t)$ 便被断续地接通到 2-2′端。

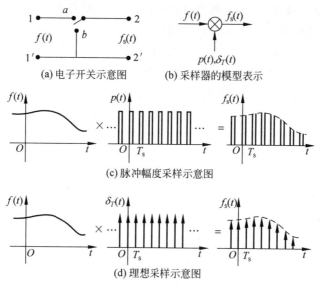

(a)电子开关示意图　　(b)采样器的模型表示

(c)脉冲幅度采样示意图

(d)理想采样示意图

图 6-2 采样原理示意图

设开关的开关周期为 T_s,开关接通 a 的时间为 τ,则在 2-2′端可以得到图 6-2(a)中的信号 $f_s(t)$。它是一组脉冲宽度为 τ、间隔为 T_s,幅度按连续信号 $f(t)$ 变化的脉冲信号,形成脉冲幅度采样信号,如图 6-2(c)所示。

如果采样脉冲为理想的 $\delta_T(t)$,则采样信号 $f_s(t)$ 如图 6-2(d)所示,称为理想采样。

从本质上讲,信号的采样过程是完成输入信号 $f(t)$ 与采样脉冲相乘的运算。当采样脉冲为矩形窄脉冲 $p(t)$ 时,采样信号可表示为

$$f_s(t) = f(t)p(t)$$

当采样脉冲为理想的冲激序列 $\delta_T(t)$ 时,则

$$f_s(t) = f(t)\delta_T(t)$$

前者称为实际采样的数学表示,后者称为理想采样的数学表示。

在对信号采样时,采样周期 T_s 的大小非常关键。采样周期选得越小,对控制过程的信息便获得的越多,控制效果也会越好。但是,采样周期选得过小,将增加不必要的计算负担,造成实现较复杂控制律的困难,而且采样周期小到一定程度后,再减小就没有实际意义了。

反之,采样周期选得过大,又会给控制过程带来较大的误差,降低系统的动态性能,甚至有可能导致整个系统失去稳定。以正弦波的采样为例,设采样脉冲极窄,若采样间隔不合适,有时会出现离散的等值信号(类似直流)或零值信号,因而失掉了正弦信号采样的实际意义,如图 6-3 所示。当 T_s 足够小时,就可以得到正弦波的很多信息值。

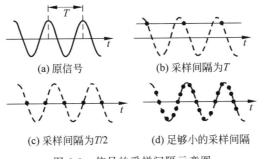

(a) 原信号　　　　(b) 采样间隔为 T

(c) 采样间隔为 $T/2$　　　(d) 足够小的采样间隔

图 6-3　信号的采样间隔示意图

虽然对连续信号 $f(t)$ 进行离散采样得到的信号 $f_s(t)$ 只是在一些离散瞬间有值,但在满足一定条件下,采样信号 $f_s(t)$ 完全可以代表原连续信号 $f(t)$,即 $f_s(t)$ 包含 $f(t)$ 的全部信息。这样,就可以传输 $f_s(t)$ 而不直接传输 $f(t)$。在系统的终端(如通信机的接收端)通过某种技术从 $f_s(t)$ 中恢复原信号 $f(t)$。

6.1.2　采样定理

由上可知,连续信号 $f(t)$ 被离散采样后,其大部分已经丢弃,采样信号 $f_s(t)$ 只是 $f(t)$ 中很小的一部分。现在的问题是能否从采样信号中重新恢复出连续性号 $f(t)$ 呢? 采样定理(sampling theorem)从理论上明确地回答了这一问题。

采样定理[又称为香农(Shannon)定理]表述为:如果 $f(t)$ 为带宽有限的连续信号,其频谱 $F(\omega)$ 的最高频率为 f_m,则以采样间隔 $T_s \leqslant \dfrac{1}{2f_m}$ 对信号 $f(t)$ 进行等间隔采样所得的取样信号 $f_s(t)$ 将包含原信号 $f(t)$ 的全部信息,因而可利用 $f_s(t)$ 完全恢复出原信号。

采样定理表明,若要求信号 $f(t)$ 采样后不丢失信息,必须满足两个条件

(1) $f(t)$ 的带宽应有限,即其频谱在 $\omega > \omega_m$(或 $f > f_m$)时为零;

(2) 采样间隔(周期)不能过大,必须满足 $T_s \leqslant \dfrac{1}{2f_m}$。最大的采样间隔 $T_s = \dfrac{1}{2f_m}$ 称为奈奎斯特(Nyquist)间隔,最小采样频率 $f_s = 2f_m$ 称为奈奎斯特采样频率。

例如,要传送频带为 10kHz 的音乐信号,其最低的采样频率应为 $2f_m = 20$kHz,即至少每秒要采样 20 000 次,如果少于此采样频率,原信号 $f(t)$ 就会丢失。

采样定理在工程中应用广泛,例如,音乐 CD 光盘录音系统中抗混滤波器是一个低通滤波器,其截止频率取为音频信号的最高频率 f_m,它同时滤除高频干扰。这就使输入的语音信号成为带限信号。当取样频率满足 $f_s \geqslant 2f_m$ 时,采样信号的频谱不会发生混叠现象,因

而才可以有效地恢复原信号。人耳所听到的音乐信号的频率一般为 20Hz～20kHz,所以该系统中采样频率至少应为 2×20kHz＝40kHz。考虑要尽量减小失真和工程误差,还应提高10％的余量,即采样频率应以 f_s＝44kHz 为宜(实际设备是 44.1kHz)。采样信号再经过A/D 转换(实际中常用 16 位)后送入多路复用设备,最后录入光盘。

6.2　离散时间序列的概念

离散时间序列与连续时间信号不同,它仅在一系列离散的时刻(如 $t_1, t_2, \cdots$)才有定义,在 $t_1, t_2, \cdots$ 之间则没有定义,因此它是离散时间变量 t_n 的函数。

下面是离散时间序列的一些典型实例。

(1) 气象信号是连续的,但气象站每隔 1 小时测得的气温、风速等却是离散时间序列;

(2) 发射后的导弹高度变化是连续的,但雷达每隔一定时间(如 1 秒)的高度却是离散时间序列。

这些时间序列虽然只在某些时间点上有值,但经过系统的处理后,却可以还原原来连续信号的特征,电影就是典型的例子。

6.2.1　离散时间序列的表示

通常,给出数值的离散时刻间隔是均匀的。若离散时间序列由每隔时间 T 出现的样点组成,则可以表示为 $f(nT)$,为了简便并使之更具普遍意义,常常把 $f(nT)$ 写为 $f(n)$。通常 $f(n)$ 又称为序列。

$f(n)$ 可写成一般的解析表达式,如

$$f(n) = 2n + 1$$

也可以逐个列出 $f(n)$ 的值,如

$$f(n) = \begin{cases} 2, & n=0 \\ 0.5, & n=1 \\ -1, & n=2 \\ 0, & n \text{ 为其他值} \end{cases}$$

或者如

$$f(n) = \{2, 0.5, -1\}$$

也常用图解(即波形)表示,线段的长短代表该点值的大小,如图 6-4 所示。

通常,把对应某序号 n 的函数值称为在第 n 个样点的"样值"。

根据 $f(n)$ 的非零值取值范围,序列可分为以下几种情况:

若序列 $f(n)$ 对所有的整数都存在非零确定值,称这类序列为双边序列。

若当 $n \leqslant n_1$ 时,$f(n)＝0$,则 $f(n)$ 称为有

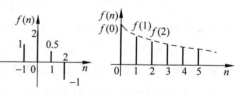

图 6-4　离散时间序列

始序列或右边序列；反之若当 $n \geqslant n_1$ 时，$f(n)=0$，则 $f(n)$ 称为有终序列或左边序列。而 $n_1 \geqslant 0$ 的有始序列称为因果序列，或称为单边序列。

若 $f(n)$ 仅在 $n_1 \leqslant n \leqslant n_2 (n_2 > n_1)$ 区间有非零确定值，称这类序列为有限序列。

6.2.2 常用的离散时间序列

1. 单位序列(也称单位函数、单位样值信号)

单位序列定义为

$$\delta(n) = \begin{cases} 1, & n = 0 \\ 0, & n \neq 0 \end{cases} \tag{6-1}$$

它在离散时间系统中的作用类似于连续时间系统中的冲激函数 $\delta(t)$。但必须注意，单位函数 $\delta(n)$ 与冲激函数 $\delta(t)$ 有本质的不同，$\delta(n)$ 在 $n=0$ 处有确定的值，如图 6-5 所示。

例 6-1 由图 6-6 所示的图形写出 $f(n)$ 的表达式。

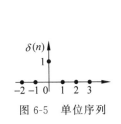

图 6-5 单位序列

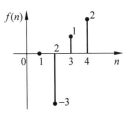

图 6-6 例 6-1 的图

解 根据图 6-6 所示的图形，$f(n)$ 的表达式可写为

$$f(n) = -3\delta(n-2) + \delta(n-3) + 2\delta(n-4)$$

2. 单位阶跃序列

单位阶跃序列定义为

$$\varepsilon(n) = \begin{cases} 1, & n \geqslant 0 \\ 0, & n < 0 \end{cases} \tag{6-2}$$

序列 $\varepsilon(n)$ 与连续信号 $\varepsilon(t)$ 的形状类似，但 $\varepsilon(t)$ 在 $t=0$ 处发生跃变，其数值通常不予定义，而 $\varepsilon(n)$ 在 $n=0$ 处的值定义为 1，如图 6-7 所示。

3. 矩形序列

矩形序列是时间有限的，又称有限长脉冲序列，其定义为

$$f_N(n) = G_N(n) = \begin{cases} 1, & 0 \leqslant n \leqslant N-1 \\ 0, & \text{其他} \end{cases} \tag{6-3}$$

矩形序列共有 N 个幅度是 1 的值，如图 6-8 所示，类似于连续时间信号的矩形脉冲。

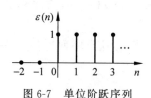

图 6-7　单位阶跃序列

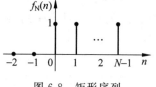

图 6-8　矩形序列

以上三种序列之间有怎样的关系呢？由定义不难看出，$\delta(n)$ 和 $\varepsilon(n)$ 之间有如下关系

$$\delta(n) = \varepsilon(n) - \varepsilon(n-1) \tag{6-4}$$

由于

$$\varepsilon(n) = \delta(n) + \delta(n-1) + \delta(n-2) + \cdots$$

故阶跃序列可表示为

$$\varepsilon(n) = \sum_{m=0}^{\infty} \delta(n-m) \tag{6-5}$$

矩形序列可表示为

$$G_N(n) = \varepsilon(n) - \varepsilon(n-N) \tag{6-6}$$

4. 斜变序列

$$r(n) = n\varepsilon(n) \tag{6-7}$$

斜变序列如图 6-9 所示。类似地，还可以给出 $n^2\varepsilon(n)$，$n^3\varepsilon(n)$，$\cdots$，$n^k\varepsilon(n)$ 等序列。

例 6-2　画出下列离散时间序列的波形

$$f(n) = n\varepsilon(n)[\varepsilon(n) - \varepsilon(n-5)]$$

解　令 $n = 0,1,2,3,4$，代入 $f(n) = n\varepsilon(n)[\varepsilon(n) - \varepsilon(n-5)]$ 中，可得 $f(n) = 0,1,2,3,4$，如图 6-10 所示。

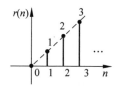

图 6-9　斜变序列

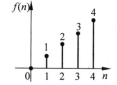

图 6-10　例 6-2 的波形

5. 正弦序列

简单的正弦序列定义为

$$f(n) = \sin\omega n \tag{6-8}$$

式中，ω 是正弦序列的数字（角）频率，它反映了序列值周期性重复的速率。

例如在图 6-11 中，$\omega = \dfrac{2\pi}{8} = \dfrac{\pi}{4}$，则序列每 8 个一组重复一次正弦包络的数值。

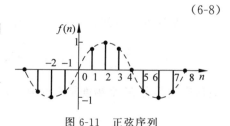

图 6-11　正弦序列

6. 指数序列

因果的指数序列非常有用,其定义为

$$f(n) = a^n \varepsilon(n) \tag{6-9}$$

该序列的特征由 a 的取值决定。如图 6-12 所示为 a 取不同值时的序列波形。

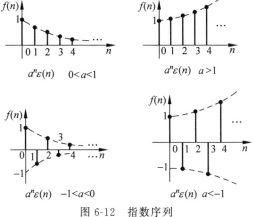

图 6-12　指数序列

结论:$|a| > 1$ 时序列是发散的;$|a| < 1$ 时序列是收敛的;$a > 0$ 序列是正值;$a < 0$ 序列正、负摆动。

7. 复指数序列

$$x(n) = e^{j\omega_0 n} = \cos\omega_0 n + j\sin\omega_0 n \tag{6-10}$$

以上为常用的离散序列。除此之外,离散时间序列也需要进行运算或变换。

6.2.3　离散时间序列的基本运算

1. 序列相加

两个序列相加,是指两序列同序号的序列值逐项对应相加,其和为一新序列,如图 6-13 所示,设

$$f_1(n) = n\varepsilon(n), f_2(n) = \varepsilon(n)$$

则

$$f(n) = f_1(n) + f_2(n) = (n+1)\varepsilon(n)$$

2. 序列相乘

两个序列相乘是指两序列中同序号的序列值逐项对应相乘,其积为一新序列,如图 6-14 所示,设

$$f_1(n) = n, \quad f_2(n) = \varepsilon(n)$$

则

$$f(n) = f_1(n)f_2(n) = n\varepsilon(n)$$

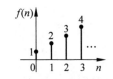

图 6-13　序列相加示意图

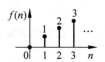

图 6-14　序列相乘示意图

3. 序列移位与反褶

序列 $f(n)$ 的移位(或称移序)是指该序列沿 n 轴逐项依次移位。若 m 为正整数,则 $f(n-m)$ 比 $f(n)$ 延迟 m,意味着 $f(n)$ 的图形在位置上右移 m 位;而 $f(n+m)$ 比 $f(n)$ 超前 m 位,即 $f(n)$ 的图形左移 m 位。例如

$$\delta(n-2)=\begin{cases}1, & n=2 \\ 0, & n\neq 2\end{cases}$$

$$\delta(n+2)=\begin{cases}1, & n=-2 \\ 0, & n\neq -2\end{cases}$$

$$\varepsilon(n-2)=\begin{cases}1, & n\geqslant 2 \\ 0, & n< 2\end{cases}$$

$$\varepsilon(n+2)=\begin{cases}1, & n\geqslant -2 \\ 0, & n< -2\end{cases}$$

序列反褶

$$x(n)\to x(-n)$$

例 6-3　画出下列离散时间序列的波形。

(1) $\varepsilon(-n)$;

(2) $\varepsilon(2-n)$。

解

(1) 令 $n=0,-1,-2,-3,\cdots$,代入 $\varepsilon(-n)$ 中,可得 $\varepsilon(-n)=1,1,1,1,\cdots$,如图 6-15(a)所示。

(2) 令 $n=-2,-1,0,1,2,\cdots$,代入 $\varepsilon(2-n)$ 中,可得 $\varepsilon(2-n)=1,1,1,1,1,\cdots$,如图 6-15(b)所示。■

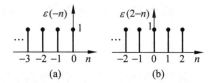

图 6-15　例 6-3 的图

4. 序列的差分

一个序列与一个移位序列之差。

前向差分

$$\Delta x(n)=x(n+1)-x(n) \tag{6-11}$$

后向差分

$$\nabla x(n)=x(n)-x(n-1) \tag{6-12}$$

如

$$\delta(n)=\varepsilon(n)-\varepsilon(n-1)$$

就是差分关系。

5. 序列的尺度变换

若将自变量 n 乘以正整数 a，构成 $x(an)$ 为波形压缩，而 $x(n/a)$ 则为波形扩展。必须注意，这时要按规律去除某些点或补足相应的零值。因此，也称这种运算为序列的"重排"。

例 6-4 若 $x(n)$ 波形如图 6-16 所示，画出 $x(2n)$ 和 $x(n/2)$ 的波形。

解 根据序列的尺度变换运算法则，$x(2n)$ 为波形压缩，$x(n/2)$ 为波形扩展，如图 6-17 所示。■

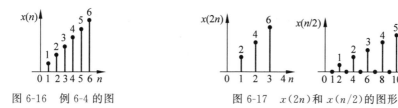

图 6-16 例 6-4 的图　　　　图 6-17 $x(2n)$ 和 $x(n/2)$ 的图形

6.3 时域数学模型——差分方程及其求解

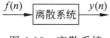

6.3.1 差分方程

若一系统的输入信号和输出信号都是连续时间信号，则称为连续时间系统。类似地，若系统的输入信号和输出信号都是离散时间序列，则称为离散时间系统，简称离散系统，如图 6-18 所示。

在离散时间系统理论中，所涉及的信号总是以序列的形式出现。因此可以把离散系统抽象为如下的定义：将输入序列 $f(n)$，$n=0$，± 1，± 2，…变换为输出序列 $y(n)$ 的一种变换关系。

图 6-18 离散系统

按离散系统的性能，可以分为线性、非线性、时不变、时变等各种类型。本书仅介绍线性时不变离散系统（LTI）。

LTI 离散系统的最重要性质是满足线性特性和时不变性。具体而言，即

（1）齐次性：对于任意常数 a 和输入 $f(n)$，恒有 $af(n) \rightarrow ay(n)$；

（2）可加性：对于输入 $f_1(n)$ 和 $f_2(n)$，恒有 $f_1(n) + f_2(n) \rightarrow y_1(n) + y_2(n)$；

（3）线性：对于任意常数 a_1 和 a_2，必有 $a_1 f_1(n) + a_2 f_2(n) \rightarrow a_1 y_1(n) + a_2 y_2(n)$；

（4）时不变性：设离散系统的输入输出关系为 $f(n) \rightarrow y(n)$，则对于任意整数 m，恒有 $f(n-m) \rightarrow y(n-m)$。离散系统的时不变性也称为位移不变性。

为研究离散系统的性能，需要建立离散系统的数学模型。与连续系统的数学模型类似，线性离散系统的数学模型有差分方程、脉冲传递函数和离散状态空间表达式三种。本节主要介绍差分方程及其求解。

下面以具体例子说明用差分方程描述系统的方法。图 6-19 是简单的 RC 电路，其输出 $u_C(t)$ 和输入 $u_s(t)$ 满足如下的微分方程

图 6-19 RC 电路

$$C\frac{\mathrm{d}u_\mathrm{C}(t)}{\mathrm{d}t}=\frac{u_\mathrm{s}(t)-u_\mathrm{C}(t)}{R}$$

即

$$\frac{\mathrm{d}u_\mathrm{C}(t)}{\mathrm{d}t}=-\frac{1}{RC}u_\mathrm{C}(t)+\frac{1}{RC}u_\mathrm{s}(t)$$

对于上述一阶线性微分方程,如用等间隔 T 对 $u_\mathrm{C}(t)$ 取样,其在 $t=nT$ 各点的取样值为 $u_\mathrm{C}(nT)$。由微分的定义,当 T 足够小时,有

$$\frac{\mathrm{d}u_\mathrm{C}(t)}{\mathrm{d}t}\approx\frac{u_\mathrm{C}[(n+1)T]-u_\mathrm{C}(nT)}{T}$$

当把输入 $u_\mathrm{s}(t)$ 也用等间隔 T 取样,其在 $t=nT$ 各点的取样值为 $u_\mathrm{s}(nT)$。这样可得

$$\frac{u_\mathrm{C}[(n+1)T]-u_\mathrm{C}(nT)}{T}=-\frac{1}{RC}u_\mathrm{C}(nT)+\frac{1}{RC}u_\mathrm{s}(nT)$$

为简便,令 $T=1$,上式写为

$$u_\mathrm{C}(n+1)-au_\mathrm{C}(n)=bu_\mathrm{s}(n) \tag{6-13}$$

式中,$a=1-\dfrac{1}{RC}$,$b=\dfrac{1}{RC}$。可见,式(6-13)为一阶常系数线性差分方程。这说明,如取样间隔 T 足够小,微分方程可近似为差分方程。事实上,微分方程的数值解正是借助于差分方程。利用数字计算机求微分方程时(例如欧拉法、龙格-库塔法),依据这一原理,只要 T 取得足够小,计算数值的位数足够多,就可以得到所需要的精度。

再看一个例子。某一空运控制系统,用一台计算机每隔一秒钟计算一次某飞机应有的高度 $x(n)$,与此同时,还用一雷达对该飞机实测一次高度 $y(n)$,把应有高度 $x(n)$ 与一秒钟之前的实测高度 $y(n-1)$ 相比较得一差值,飞机的高度将根据此差值的大小及其为正或负来改变。设飞机改变高度的垂直速度正比于此差值,即 $v=K[x(n)-y(n-1)]\mathrm{m/s}$,所以从 $n-1$ 秒到 n 秒这一秒钟内飞机升高为

$$K[x(n)-y(n-1)]=y(n)-y(n-1)$$

整理得

$$y(n)+(K-1)y(n-1)=Kx(n) \tag{6-14}$$

式(6-14)就是表示控制时间序列 $x(n)$ 与响应时间序列 $y(n)$ 之间关系的差分方程,它描述了这个离散时间(每隔一秒计算和实测一次)的空运控制系统。

差分方程的阶数为未知序列(响应序列)的最大序号与最小序号之差。式(6-13)和式(6-14)为一阶差分方程。

一般来说,差分方程有两种形式:

(1) 对于一个线性时不变系统而言,若响应时间序列为 $y(n)$,输入时间序列为 $f(n)$,则描述系统输入输出关系的 N 阶差分方程可写为

$$y(n)+a_1y(n-1)+\cdots+a_{N-1}y(n-N+1)+a_Ny(n-N)$$
$$=b_0f(n)+b_1f(n-1)+\cdots+b_{M-1}f(n-M+1)+b_Mf(n-M)$$

简记为

$$\sum_{k=0}^{N}a_ky(n-k)=\sum_{r=0}^{M}b_rf(n-r) \tag{6-15}$$

式中,$a_0=1$。式(6-15)的差分方程形式常称为后向差分方程,或称为向右移位的差分方程。

（2）前向差分方程的形式（或称向左移位的差分方程）

$$y(n+N)+a_{N-1}y(n+N-1)+\cdots+a_0 y(n)$$
$$=b_M f(n+M)+b_{M-1}f(n+M-1)+\cdots+b_0 f(n)$$

简记为

$$\sum_{k=0}^{N}a_k y(n+k)=\sum_{r=0}^{M}b_r f(n+r) \tag{6-16}$$

式中，$a_N=1$。

在常系数线性差分方程中，各序列的序号同时增加或减少同样的数目，该差分方程所描述系统的输入输出关系不变。因此前向差分方程和后向差分方程的相互转换是非常容易的，在应用中，究竟采用哪一种形式的差分方程比较方便，要根据具体情况来确定。

6.3.2　差分方程的求解方法

常系数线性差分方程的求解方法有迭代法、经典法（求齐次方程的通解和非齐次方程的特解）、系统法（求零输入响应、零状态响应）和 z 变换法，本节主要介绍前三种方法。

1. 迭代法

包括手算逐次代入求解或利用计算机求解。

例 6-5　设有一阶差分方程 $y(n)-ay(n-1)=0$，已知起始状态 $y(-1)=2$，试求 $y(n)$。

解　由于

$$y(n)=ay(n-1)$$

故有

$$\frac{y(n)}{y(n-1)}=\frac{y(1)}{y(0)}=\frac{y(2)}{y(1)}=\cdots=a$$

这表明 $y(n)$ 是公比为 a 的等比级数，故 $y(n)$ 解的形式为

$$y(n)=y(0)a^n \quad n\geqslant 0$$

式中，$y(0)$ 应由起始状态 $y(-1)$ 的值导出，令 $y(n)=ay(n-1)$ 中 $n=0$，得

$$y(0)=ay(-1)=2a$$

代入式 $y(n)=y(0)a^n（n\geqslant 0）$，得 $y(n)$ 的解为

$$y(n)=2a\cdot a^n \quad n\geqslant 0$$

2. 时域经典法求解

与微分方程经典解法类似，先分别求齐次解与特解，然后代入边界条件求待定系数。

对于差分方程

$$\sum_{k=0}^{N}a_k y(n-k)=\sum_{r=0}^{M}b_r x(n-r)$$

1）求齐次解

$$\sum_{k=0}^{N}a_k y(n-k)=0$$

特征方程为

$$a_0\lambda^N + a_1\lambda^{N-1} + \cdots + a_{N-1}\lambda + a_N = 0 \tag{6-17}$$

式(6-17)中方程的根 $\lambda_1, \lambda_2, \cdots, \lambda_N$ 称为特征根。依据特征根的特点,差分方程齐次解有两种类型:

(1) 特征根均为单根,则解的形式为

$$y(n) = \sum_{i=1}^{N} K_i\lambda_i^n \tag{6-18}$$

例 6-6 差分方程 $y(n) + y(n-2) = 0, y(1) = 1, y(2) = 1$,试求 $y(n)$。

解 该差分方程的特征方程和特征根为

$$\lambda^2 + 1 = 0, \quad \lambda_{1,2} = \pm j$$

所以

$$y(n) = C_1(j)^n + C_2(-j)^n$$

因为

$$(j)^n = e^{j\frac{n\pi}{2}} = \cos\left(\frac{n\pi}{2}\right) + j\sin\left(\frac{n\pi}{2}\right), \quad (-j)^n = e^{-j\frac{n\pi}{2}} = \cos\left(\frac{n\pi}{2}\right) - j\sin\left(\frac{n\pi}{2}\right)$$

所以

$$y(n) = P\cos\left(\frac{n\pi}{2}\right) + Q\sin\left(\frac{n\pi}{2}\right)$$

其中

$$\begin{cases} P = C_1 + C_2 \\ Q = j(C_1 - C_2) \end{cases}$$

代入初值 $y(1) = 1, y(2) = 1$,解得

$$P = -1, \quad Q = 1$$

所以

$$y(n) = -\cos\left(\frac{n\pi}{2}\right) + \sin\left(\frac{n\pi}{2}\right)$$

(2) 特征根有重根:若 λ_1 是特征根的 M 重根,则解的形式为

$$y(n) = \left(\sum_{i=1}^{M} K_i n^{M-i}\right)\lambda_1^n \tag{6-19}$$

例 6-7 求差分方程 $y(n) + 6y(n-1) + 12y(n-2) + 8y(n-3) = f(n)$ 的齐次解。

解 特征方程为

$$\lambda^3 + 6\lambda^2 + 12\lambda + 8 = (\lambda+2)^3 = 0$$

所以 $\lambda = -2$,为三重根。

齐次解为

$$y(n) = (C_1 n^2 + C_2 n + C_3)(-2)^n$$

2) 求特解方法

(1) 将激励函数代入差分方程右端→自由项;

(2) 根据自由项形式→确定特解函数;

(3) 将特解代入左端→求出待定系数。

详见表 6-1。

表 6-1　自由项对应的特解形式

自　由　项	特　解　形　式
C(常数)	B(常数)
n	$C_0+C_1 n$
n^k	$C_0+C_1 n+C_2 n^2+\cdots+C_{k-1}n^{k-1}+C_k n^k$
$e^{\alpha n}$(α 为实数)	$C e^{\alpha n}$
$e^{j\omega n}$	$A e^{j\omega n}$(A 为复数)
$\sin\omega n$ 或 $\cos\omega n$	$C_1\cos\omega n+C_2\sin\omega n$
a^n(a 不是特征根)	$C a^n$
a^n(a 是 r 重特征根)	$(C_0+C_1 n+C_2 n^2+\cdots+C_{r-1}n^{r-1}+C_r n^r)a^n$

3) 完全解＝齐次解＋特解

例 6-8　求 $y(n)+2y(n-1)=f(n)-f(n-1)$ 的完全解，其中 $f(n)=n^2$，$y(-1)=-1$。

解　特征方程为 $\lambda+2=0$。

(1) 齐次解为 $C(-2)^n$；

(2) $y(n)+2y(n-1)=2n-1$，令特解为 $D_1 n+D_2$。

$$D_1 n+D_2+2[D_1(n-1)+D_2]=2n-1$$

$$\begin{cases}3D_1=2\\3D_2-2D_1=-1\end{cases}$$

得

$$D_1=\frac{2}{3},\quad D_2=\frac{1}{9}$$

则有

$$y(n)=C(-2)^n+\frac{2}{3}n+\frac{1}{9}$$

(3) 代入初值 $y(-1)=-1$，有

$$-1=C(-2)^{-1}-\frac{2}{3}+\frac{1}{9}$$

解得

$$C=\frac{8}{9}$$

所以，完全解为

$$y(n)=\frac{8}{9}(-2)^n+\frac{2}{3}n+\frac{1}{9}$$

3. 系统法(分别求零输入响应和零状态响应)

完全响应为零输入响应与零状态响应之和

$$y(n)=y_{zi}(n)+y_{zs}(n) \tag{6-20}$$

其中，$y_{zi}(n)$ 是齐次解的形式，由差分方程的特征根决定。即当激励 $x(n)=0$ 时，由系统的

起始状态 $y(-1),y(-2),\cdots,y(-N)$ 所产生的响应。$y_{zs}(n)$ 是自由响应的另外部分加上强迫响应。即当起始状态 $y(-1)=y(-2)=\cdots=y(-N)=0$ 时,由系统的激励 $x(n)$ 所产生的响应

$$y(n)=\underbrace{\sum_{k=1}^{N}C_{zik}\alpha_k^n}_{\text{零输入响应}}+\underbrace{\sum_{k=1}^{N}C_{zsk}\alpha_k^n+y_p(n)}_{\text{零状态响应}}$$

例 6-9 设有二阶离散系统

$$y(n)-0.7y(n-1)+0.1y(n-2)=0$$

起始状态 $y(-1)=2,y(-2)=-6$,试求系统在 $n\geqslant0$ 时的零输入响应。

解 先写出差分方程对应的特征方程为

$$\lambda^2-0.7\lambda+0.1=0$$

可求得特征根为

$$\lambda_1=0.5,\quad\lambda_2=0.2$$

则零输入响应的形式由两个特征根决定,即

$$y(n)=K_1\lambda_1^n+K_2\lambda_2^n=K_1(0.5)^n+K_2(0.2)^n\quad n\geqslant0$$

为了确定系数 K_1、K_2,应首先由起始状态 $y(-1)$ 和 $y(-2)$ 导出初始值 $y(0)$ 和 $y(1)$。由原方程知

$$n=0,y(0)=0.7y(-1)-0.1y(-2)=2$$
$$n=1,y(1)=0.7y(0)-0.1y(-1)=1.2$$

从而有

$$\begin{cases}y(0)=K_1+K_2=2\\y(1)=0.5K_1+0.2K_2=1.2\end{cases}$$

解得系数

$$K_1=\frac{8}{3},\quad K_2=-\frac{2}{3}$$

最后得零输入响应

$$y(n)=\frac{8}{3}(0.5)^n-\frac{2}{3}(0.2)^n\quad n\geqslant0$$

综上所述,差分方程和微分方程的求解非常相似。所不同的是微分方程齐次解的基本形式为 $e^{\lambda_i t}$,而差分方程齐次解的基本形式为 λ_i^n。在计算零输入响应时,注意正确运用所给定的起始状态。

离散时间系统求解零状态响应,可以直接求解非齐次差分方程得到。求解方法与经典法计算连续时间系统零状态响应相似。即首先求齐次解和特解,然后代入仅由激励引起的初始条件(若激励在 $n=0$ 时接系统,根据系统的因果性,零状态条件为 $y(-1)=y(-2)=\cdots=0$)确定待定系数。

例 6-10 已知描述系统的一阶差分方程为

$$y(n)-\frac{1}{2}y(n-1)=\frac{1}{3}\varepsilon(n)$$

边界条件 $y(-1)=1$，求 $y_{zi}(n)$、$y_{zs}(n)$ 和 $y(n)$。

解　（1）先求零输入响应。

特征根为

$$\lambda = \frac{1}{2}$$

零输入响应为

$$y_{zi}(n) = K\left(\frac{1}{2}\right)^n$$

由 $y(-1)=1$ 可求出

$$K = \frac{1}{2}$$

所以

$$y_{zi}(n) = \frac{1}{2}\left(\frac{1}{2}\right)^n$$

（2）再求零状态响应。

设特解为 D，代入差分方程

$$D - \frac{1}{2}D = \frac{1}{3}$$

所以

$$D = \frac{2}{3}$$

零状态响应为

$$y_{zs}(n) = C\left(\frac{1}{2}\right)^n + \frac{2}{3}$$

由 $y(-1)=0$ 可求出

$$C = -\frac{1}{3}$$

所以

$$y_{zs}(n) = -\frac{1}{3}\left(\frac{1}{2}\right)^n + \frac{2}{3} \quad n \geqslant 0$$

（3）求完全响应。

$$y(n) = y_{zi}(n) + y_{zs}(n) = \frac{1}{2}\left(\frac{1}{2}\right)^n - \frac{1}{3}\left(\frac{1}{2}\right)^n + \frac{2}{3} = \frac{1}{6}\left(\frac{1}{2}\right)^n + \frac{2}{3} \quad n \geqslant 0 \quad ■$$

当激励信号较复杂，且差分方程阶数较高时，上述求解非齐次差分方程的过程相当复杂。下面介绍单位函数响应，通过单位函数响应，求系统的零状态响应。

所谓单位函数响应，是在零状态条件下，离散系统由单位序列 $\delta(n)$ 引起的响应，记为 $h(n)$。它与连续系统的单位冲激响应 $h(t)$ 类似。

对于以 $\delta(n)$ 作为激励信号的系统，因为激励信号仅在 $n=0$ 时刻存在非零值，在 $n>0$ 之后激励为零。这时的系统相当于一个零输入系统，而激励信号的作用已经转化为系统的储能状态的变化。这时系统的单位函数响应 $h(n)$ 的函数形式必与零输入响应的函数形式

相同,即

$$h(n) = \sum_{i=1}^{N} K_i \lambda_i^n \tag{6-21}$$

式中 λ_i 为差分方程的特征根,K_i 为待定系数,由单位函数 $\delta(n)$ 的作用转换为系统的初始条件来决定。

例 6-11 已知系统的差分方程为 $y(n+2)-5y(n+1)+6y(n)=f(n+2)$,求单位函数响应 $h(n)$。

解 对应的齐次方程为

$$y(n+2)-5y(n+1)+6y(n)=0$$

其特征方程为

$$\lambda^2 - 5\lambda + 6 = 0$$

解得特征根为

$$\lambda_1 = 2, \quad \lambda_2 = 3$$

则单位函数响应

$$h(n) = K_1 2^n + K_2 3^n$$

为了确定 K_1 和 K_2,需要根据差分方程确定初始条件。系统符合因果条件,也没有初始储能,所以,$n<0$ 时 $h(n)=0$。

根据差分方程,当 $x(n)=\delta(n)$ 时,有

$$h(n+2)-5h(n+1)+6h(n)=\delta(n+2)$$

使用迭代法

$$n=-2, h(0)-5h(-1)+6h(-2)=\delta(0)=1$$

所以

$$h(0)=1$$
$$n=-1, h(1)-5h(0)+6h(-1)=\delta(1)=0$$
$$h(1)=5$$

代入 $h(n)$ 的表达式,有

$$\begin{cases} K_1 + K_2 = 1 \\ 2K_1 + 3K_2 = 5 \end{cases}$$

解得

$$K_1 = -2, \quad K_2 = 3$$

所以,单位函数响应为

$$h(n) = (3^{n+1} - 2^{n+1})\varepsilon(n)$$

对于 $h(n)$ 的求解方法,也可以利用 z 变换的方法求解,这将在后面介绍。

当离散系统的单位响应 $h(n)$ 已知后,系统对于任意输入序列 $f(n)$ 的零状态响应便可容易确定。其过程推导如下:

对于 LTI 离散系统,当输入为 $\delta(n)$ 时,零状态响应为 $h(n)$,即 $\delta(n) \rightarrow h(n)$;由时不变特性,有 $\delta(n-k) \rightarrow h(n-k)$;由齐次性,有 $f(k)\delta(n-k) \rightarrow f(k)h(n-k)$;再由可加性,有 $\sum_{k=-\infty}^{\infty} f(k)\delta(n-k) \rightarrow \sum_{k=-\infty}^{\infty} f(k)h(n-k)$;由式

$$f(n) = \sum_{k=-\infty}^{\infty} f(k)\delta(n-k) = f(n) * \delta(n)$$

可得

$$\sum_{k=-\infty}^{\infty} f(k)\delta(n-k) = f(n)$$

这就意味着,当输入为 $f(n)$ 时,其零状态响应为

$$y(n) = \sum_{k=-\infty}^{\infty} f(k)h(n-k) \tag{6-22}$$

若 $f(n)$ 和 $h(n)$ 均为因果序列,即 $n<0$ 时,$f(n)=0$ 和 $h(n)=0$,则式(6-22)可变为

$$y(n) = \sum_{k=0}^{n} f(k)h(n-k) \tag{6-23}$$

6.4 z 变换及其性质

z 变换的思想源于连续系统,线性连续控制系统的动态及稳态性能,可以应用拉氏变换的方法进行分析。与此相似,线性离散系统的性能可以采用 z 变换的方法来获得。正如拉氏变换可将微分方程变为代数方程那样,z 变换可把差分方程变为代数方程,从而使离散系统的分析得以简化。

6.4.1 z 变换的定义

首先来看采样信号的拉氏变换。若连续因果时间信号 $f(t)$ 经过

$$\delta_{\mathrm{T}}(t) = \sum_{n=-\infty}^{\infty} \delta(t-nT)$$

冲激采样,则采样信号 $f_{\mathrm{s}}(t)$ 的表达式为

$$f_{\mathrm{s}}(t) = f(t)\delta_{\mathrm{T}}(t) = f(t)\sum_{n=-\infty}^{\infty} \delta(t-nT) = \sum_{n=-\infty}^{\infty} f(nT)\delta(t-nT)$$

式中 T 为采样周期。

对 $f_{\mathrm{s}}(t)$ 取拉普拉斯变换为

$$F(s) = \mathcal{L}\left[\sum_{n=-\infty}^{\infty} f(nT)\delta(t-nT)\right] = \sum_{n=-\infty}^{\infty} f(nT)\mathrm{e}^{-nsT} \tag{6-24}$$

此时引入一个新的复变量 z,令

$$z = \mathrm{e}^{sT}$$

或写为

$$s = \frac{1}{T}\ln z$$

则式(6-24)变成复变量 z 的函数表达式

$$F(z) = \sum_{n=-\infty}^{\infty} f(nT)z^{-n}$$

令 $T=1$,将 $f(nT)$ 换为序列 $f(n)$ 仍具有一般性,则

$$F(z) = \sum_{n=-\infty}^{\infty} f(n) z^{-n} \tag{6-25}$$

式(6-25)被定义为序列 $f(n)$ 的 z 变换。$F(z)$ 称为序列 $f(n)$ 的象函数；$f(n)$ 称为 $F(z)$ 的原函数。

式(6-25)中，因为从 $-\infty$ 到 ∞ 求和，故称之为 $f(n)$ 的双边 z 变换。可见，离散时间序列的 z 变换 $F(z)$ 是取样信号 $f_s(t)$ 的拉氏变换中将变量 s 变换为变量 z 的结果。

如果对给定的序列 $f(n)$ 从 $n=0$ 开始求和，即

$$F(z) = \sum_{n=0}^{\infty} f(n) z^{-n} = f(0) + f(1) z^{-1} + f(2) z^{-2} + \cdots \tag{6-26}$$

式(6-26)称为序列 $f(n)$ 的单边 z 变换。由于在连续系统中，非因果时间序列的应用较少，因此我们仅研究单边 z 变换。

由式(6-26)可知，$F(z)$ 实际上是级数。其中各项 z 的系数恰是序列的值。对于给定的任意有界序列 $f(n)$，使式(6-26)收敛的所有 z 值的集合称为 z 变换的收敛域。根据级数理论，式(6-26)收敛的充要条件是 $F(z)$ 绝对可和，即

$$\sum_{n=0}^{\infty} | f(n) z^{-n} | < \infty \tag{6-27}$$

即只有当级数收敛时，z 变换才有意义。

若 $F(z)$ 已知，根据复变函数的理论，原函数 $f(n)$ 可由如下围线积分确定，即

$$f(n) = \frac{1}{2\pi \mathrm{j}} \oint_C F(z) z^{n-1} \mathrm{d}z \tag{6-28}$$

式(6-28)称为 $F(z)$ 的反(逆)变换，它与式(6-25)构成 z 变换对。这对变换关系表示为

$$F(z) = \mathcal{Z}[f(n)]$$
$$f(n) = \mathcal{Z}^{-1}[F(z)]$$

又可简记为

$$f(n) \leftrightarrow F(z)$$

6.4.2 典型离散序列的 z 变换

1. 单位序列 $\delta(n)$

因为

$$\delta(n) = \begin{cases} 1, & n=0 \\ 0, & n \neq 0 \end{cases}$$

将 $\delta(n)$ 代入式(6-26)，得 z 变换

$$F(z) = \mathcal{Z}[\delta(n)] = \sum_{n=0}^{\infty} \delta(n) z^{-n}$$

因上式仅对 $n=0$ 有值，故

$$\mathcal{Z}[\delta(n)] = 1 \tag{6-29}$$

上式表明：不论复变量 z 为何值，当 $|z| \geqslant 0$ 时，其和式均收敛，这种情况称 $F(z)$ 的收敛域

为整个 z 平面。

2. 阶跃序列 $\varepsilon(n)$

因为

$$\varepsilon(n) = \begin{cases} 1, & n \geqslant 0 \\ 0, & n < 0 \end{cases}$$

故有 z 变换

$$F(z) = \mathcal{Z}[\varepsilon(n)] = \sum_{n=0}^{\infty} \varepsilon(n) z^{-n} = \sum_{n=0}^{\infty} z^{-n}$$

上式为等比级数求和问题,当 $|z^{-1}| < 1$,即 $|z| > 1$ 时,该式收敛,并等于

$$\mathcal{Z}[\varepsilon(n)] = \frac{1}{1 - z^{-1}} = \frac{z}{z - 1} \tag{6-30}$$

3. 斜变序列 $r(n) = n\varepsilon(n)$

z 变换为

$$\mathcal{Z}[n\varepsilon(n)] = \sum_{n=0}^{\infty} n z^{-n}$$

该 z 变换用间接方法求得。

已知

$$\sum_{n=0}^{\infty} z^{-n} = \frac{1}{1 - z^{-1}} \qquad |z| > 1$$

将上式两端对 z^{-1} 求导,得

$$\sum_{n=0}^{\infty} n (z^{-1})^{n-1} = \frac{1}{(1 - z^{-1})^2}$$

两边乘以 z^{-1},便得斜变序列的 z 变换为

$$\mathcal{Z}[n\varepsilon(n)] = \sum_{n=0}^{\infty} n z^{-n} = \frac{z}{(z-1)^2} \qquad |z| > 1 \tag{6-31}$$

4. 指数序列 $a^n\varepsilon(n)$

由定义,指数序列的 z 变换为

$$F(z) = \sum_{n=0}^{\infty} a^n z^{-n} = \sum_{n=0}^{\infty} (a z^{-1})^n = 1 + a z^{-1} + a^2 z^{-2} + \cdots$$

对该级数,当 $|a z^{-1}| < 1$,即 $|z| > |a|$ 时,级数收敛,并有

$$F(z) = \frac{1}{1 - a z^{-1}} = \frac{z}{z - a} \tag{6-32}$$

这就是说,对指数序列,当收敛域为 z 平面上半径为 $|z| = R = |a|$ 的圆外区域时,$F(z)$ 才存在。这里 R 称为收敛半径。

当 $a = 1$ 时,即为阶跃序列 $\varepsilon(n)$ 的 z 变换

$$F(z) = \frac{z}{z - 1}, \qquad |z| > 1$$

单位阶跃序列 $\varepsilon(n)$，指数序列 $a^n\varepsilon(n)$ 以及许多序列的 z 变换表明：单边序列的 z 变换其收敛域总在半径为某一 R 的圆外区域。

了解上述收敛域的概念很重要。因为只要给定 $F(z)$ 及其收敛域，则 $F(z)$ 和 $f(n)$ 是一一对应的。由于单边 z 变换的收敛域总是在 $|z|>R$ 的区域，故今后不再一一注明。

常用序列的 z 变换列于表 6-2 中。

表 6-2　常用序列的 z 变换

序号	$f(n)\varepsilon(n)$	$F(z)$	收敛域
1	$\delta(n)$	1	$\|z\|\geqslant 0$
2	$\varepsilon(n)$	$\dfrac{z}{z-1}$	$\|z\|>1$
3	$a^n\varepsilon(n)$	$\dfrac{z}{z-a}$	$\|z\|>a$
4	n	$\dfrac{z}{(z-1)^2}$	$\|z\|>1$
5	n^2	$\dfrac{z(z+1)}{(z-1)^3}$	$\|z\|>1$
6	na^n	$\dfrac{az}{(z-a)^2}$	$\|z\|>\|a\|$
7	e^{an}	$\dfrac{z}{z-e^a}$	$\|z\|>\|e^a\|$
8	$e^{j\omega n}$	$\dfrac{z}{z-e^{j\omega}}$	$\|z\|>1$
9	$\sin\omega n$	$\dfrac{z\sin\omega}{z^2-2z\cos\omega+1}$	$\|z\|>1$
10	$\cos\omega n$	$\dfrac{z(z-\cos\omega)}{z^2-2z\cos\omega+1}$	$\|z\|>1$
11	$Aa^{n-1}\varepsilon(n-1)$	$\dfrac{A}{z-a}$	$\|z\|>\|a\|$
12	$\dfrac{1}{(m-1)!}n(n-1)\cdots(n-m+2)a^{n-m+1}\varepsilon(n)$	$\dfrac{z}{(z-a)^m}$	$\|z\|>\|a\|$

6.4.3
z 变换的主要性质

由 z 变换的定义可以推出许多性质，这些性质表示了离散序列在时域和 z 域之间的关系，它们在 z 变换的实际应用中很有用。其内容在许多方面与拉氏变换的基本性质有相似之处。

1. 线性性质

z 变换与傅里叶变换、拉普拉斯变换一样，也是一种线性变换。
若

$$f_1(n)\leftrightarrow F_1(z),f_2(n)\leftrightarrow F_2(z)$$

则

$$a_1 f_1(n)\pm a_2 f_2(n)\leftrightarrow a_1 F_1(z)\pm a_2 F_2(z) \tag{6-33}$$

式中，a_1、a_2 为任意常数。

例 6-12 求序列 $a^n \varepsilon(n) - a^n \varepsilon(n-1)$ 的 z 变换。

解 根据 z 变换的线性性质，有

$$\mathcal{Z}[a^n \varepsilon(n) - a^n \varepsilon(n-1)] = \mathcal{Z}[a^n \varepsilon(n)] - \mathcal{Z}[a^n \varepsilon(n-1)]$$

$$= \frac{z}{z-a} - \sum_{n=1}^{\infty} a^n z^{-n} \quad |z| > |a|$$

$$= \frac{z}{z-a} - \frac{a}{z-a} = 1 \quad |z| \geqslant 0 \qquad \blacksquare$$

2. 移位性质

移位性质表示序列移位后的 z 变换与原序列 z 变换的关系。在实用中又有左移和右移两种情况。

(1) 双边 z 变换。

若 $f(n) \leftrightarrow F(z)$，则

$$f(n \pm m) \leftrightarrow z^{\pm m} F(z) \tag{6-34}$$

证明 由双边 z 变换的定义，得

$$\mathcal{Z}[f(n+m)] = \sum_{n=-\infty}^{\infty} f(n+m) z^{-n}$$

令 $k = n+m$，于是有

$$\mathcal{Z}[f(n+m)] = z^m \sum_{k=-\infty}^{\infty} f(k) z^{-k} = z^m F(z)$$

同理可证

$$\mathcal{Z}[f(n-m)] = z^{-m} F(z)$$

(2) 单边 z 变换。

① $f(n)$ 是双边序列，则其右移动位 m 后的单边 z 变换为

$$f(n-m) \leftrightarrow z^{-m} \left[F(z) + \sum_{k=1}^{m} f(-k) z^k \right] \tag{6-35}$$

证明 由单边 z 变换的定义

$$\mathcal{Z}[f(n-m)] = \sum_{n=0}^{\infty} f(n-m) z^{-n} = z^{-m} \sum_{n=0}^{\infty} f(n-m) z^{-(n-m)} \quad 令 k = n-m$$

于是有

$$\mathcal{Z}[f(n-m)] = z^{-m} \sum_{k=-m}^{\infty} f(k) z^{-k}$$

$$= z^{-m} \left[\sum_{k=0}^{\infty} f(k) z^{-k} + \sum_{k=-m}^{-1} f(k) z^{-k} \right]$$

$$= z^{-m} \left[F(z) + \sum_{k=1}^{m} f(-k) z^k \right]$$

举例来说，对于 $m=1$ 和 $m=2$，分别有位移特性

$$f(n-1) \leftrightarrow z^{-1} F(z) + f(-1)$$

$$f(n-2) \leftrightarrow z^{-2} F(z) + z^{-1} f(-1) + f(-2) \tag{6-36}$$

有时用到左移序列的单边 z 变换,有

$$f(n+m)\varepsilon(n) \leftrightarrow z^m\left[F(z) - \sum_{r=0}^{m-1} f(r)z^{-r}\right] \tag{6-37}$$

对于 $m=1$ 和 $m=2$,有

$$f(n+1)\varepsilon(n) \leftrightarrow zF(z) - zf(0) \tag{6-38}$$

$$f(n+2)\varepsilon(n) \leftrightarrow z^2F(z) - z^2f(0) - zf(1) \tag{6-39}$$

② $f(n)$ 是单边序列,因 $f(-1)=0, f(-2)=0, \cdots$,故由式(6-35),可得移位特性

$$f(n-m)\varepsilon(n-m) \leftrightarrow z^{-m}F(z) \tag{6-40}$$

由移位特性,显然有

$$\delta(n-m) \leftrightarrow z^{-m} \qquad \varepsilon(n-m) \leftrightarrow z^{-m} \cdot \frac{z}{z-1}$$

说明:在移位性质中,z^{-m} 代表时域中的滞后环节,它将采样信号滞后 m 个采样周期;同理,z^m 代表时域中的超前环节,它将采样信号超前 m 个采样周期。移位性质是一个重要性质,其作用相当于拉普拉斯变换中的微分和积分性质。应用移位性质,可以将离散系统的差分方程转换为 z 域的代数方程,其应用在下一节介绍。

例 6-13 已知因果序列 $\mathscr{Z}[2^n] = \dfrac{z}{z-2}$,求 $f(n) = 5(2)^{n-1}\varepsilon(n-1)$ 的 z 变换。

解 根据移位性质式(6-40),则

$$F(z) = \mathscr{Z}[f(n)] = 5\left(z^{-1} \cdot \frac{z}{z-2}\right) = \frac{5}{z-2}$$

例 6-14 求周期为 N 的单边周期序列的 z 变换。

解 单边周期序列为 $f(n)$,令它的第一个周期内的序列为 $f_1(n)$,其 z 变换为

$$F_1(z) = \sum_{n=0}^{N-1} f_1(n)z^{-n}$$

因为

$$f(n) = f_1(n) + f_1(n-N) + f_1(n-2N) + \cdots$$

由移位性质,得

$$F(z) = F_1(z)[1 + z^{-N} + z^{-2N} + \cdots] = F_1(z)\sum_{m=0}^{\infty} z^{-mN}$$

若 $|z^{-N}| < 1$(即 $|z| > 1$),则有

$$F(z) = \frac{z^N}{z^N - 1}F_1(z) \qquad |z| > 1 \tag{6-41}$$

3. 尺度变换

设 $f(n) \leftrightarrow F(z)$,$a$ 为常数,则

$$a^n f(n) \leftrightarrow F\left(\frac{z}{a}\right) \tag{6-42}$$

证明

$$\mathcal{Z}[a^n f(n)] = \sum_{n=0}^{\infty} a^n f(n) z^{-n} = \sum_{n=0}^{\infty} f(n) \left(\frac{z}{a}\right)^{-n}$$

所以

$$\mathcal{Z}[a^n f(n)] = F\left(\frac{z}{a}\right)$$

上式表明,若将 $f(n)$ 乘以指数序列 a^n,其 z 变换只要将 $f(n)$ 的 z 变换 $F(z)$ 中的每个 z 除以 a 即可。

当 $a = -1$ 时,

$$\mathcal{Z}[(-1)^n f(n)] = F(-z) \tag{6-43}$$

同理可得

$$\mathcal{Z}[a^{-n} f(n)] = F(az) \tag{6-44}$$

例 6-15 已知 $\varepsilon(n) \leftrightarrow \dfrac{z}{z-1}$,试求 $a^n \varepsilon(n)$ 的 z 变换。

解 根据尺度变换性质,可得

$$\mathcal{Z}[a^n \varepsilon(n)] = \frac{\dfrac{z}{a}}{\dfrac{z}{a} - 1} = \frac{z}{z - a} \qquad\blacksquare$$

4. z 域微分(序列线性加权)

设 $f(n) \leftrightarrow F(z)$,则

$$n f(n) \leftrightarrow -z \frac{\mathrm{d}}{\mathrm{d}z} F(z) \tag{6-45}$$

由此性质可推广得

$$\mathcal{Z}(n^m f(n)) = \left[-z \frac{\mathrm{d}}{\mathrm{d}z}\right]^m F(z) \tag{6-46}$$

式中,符号 $\left[-z \dfrac{\mathrm{d}}{\mathrm{d}z}\right]^m$ 表示 $-z \dfrac{\mathrm{d}}{\mathrm{d}z} \left\{-z \dfrac{\mathrm{d}}{\mathrm{d}z} \left[-z \dfrac{\mathrm{d}}{\mathrm{d}z} \cdots \left(-z \dfrac{\mathrm{d}}{\mathrm{d}z}\right)\right]\right\}$ 共求导 m 次。

例 6-16 若已知 $\varepsilon(n) \leftrightarrow \dfrac{z}{z-1}$,求斜变序列 $n\varepsilon(n)$ 的 z 变换。

解 根据 z 域微分特性,有

$$\mathcal{Z}[n\varepsilon(n)] = -z \frac{\mathrm{d}}{\mathrm{d}z}\left(\frac{z}{z-1}\right) = \frac{z}{(z-1)^2} \qquad\blacksquare$$

结果和式(6-31)是一致的。

5. 初值定理

若 $f(n)$ 是因果序列,

$$\mathcal{Z}[f(n)] = F(z)$$

则

$$f(0) = \lim_{z \to \infty} F(z) \tag{6-47}$$

6. 终值定理

若 $f(n)$ 是因果时间序列,已知

$$\mathcal{Z}[f(n)] = F(z)$$

则

$$\lim_{n \to \infty} f(n) = \lim_{z \to 1}[(z-1)F(z)] \tag{6-48}$$

应用条件:$F(z)$ 的极点必须处于单位圆内,若在单位圆上,只能位于 $z=1$ 点且是一阶的。

6.4.4
z 逆变换

所谓 z 反(逆)变换,是已知 z 变换的表达式 $F(z)$,求相应离散序列 $f(n)$ 的过程。记为

$$f(n) = \mathcal{Z}^{-1}[F(z)]$$

下面讨论 z 逆变换时,约定信号序列是因果的。

常用的 z 逆变换法有以下三种:幂级数展开法、部分分式展开法、留数法。本节主要介绍前两种方法。

1. 幂级数展开法(长除法)

由 z 变换的定义式(6-25)可知,由于序列 $f(n)$ 的 z 变换定义为 z^{-1} 的幂级数,所以只要在指定的收敛域内把 $F(z)$ 展开成幂级数,则级数就是序列 $f(n)$。

例 6-17 已知象函数 $F(z) = \dfrac{1+2z^{-1}}{1-2z^{-1}+z^{-2}}$,求原序列 $f(n)$。

解 做长除法如下

$$
\begin{array}{r}
1+4z^{-1}+7z^{-2}+10z^{-3} \\
1-2z^{-1}+z^{-2} \overline{)\,1+2z^{-1}\phantom{+7z^{-2}+10z^{-3}}} \\
1-2z^{-1}+z^{-2} \\
\hline
4z^{-1}-z^{-2} \\
4z^{-1}-8z^{-2}+4z^{-3} \\
\hline
7z^{-2}-4z^{-3} \\
7z^{-2}-14z^{-3}+7z^{-4} \\
\hline
10z^{-3}-7z^{-4} \\
\cdots
\end{array}
$$

从而有

$$F(z) = 1 + 4z^{-1} + 7z^{-2} + 10z^{-3} + \cdots = \sum_{n=0}^{\infty}(3n+1)z^{-n}$$

可得

$$f(n) = (3n+1)\varepsilon(n)$$

值得注意的是,对于因果序列的 z 变换,做长除时,首先将 $F(z)$ 的分子、分母多项式分别写成 z^{-1} 的升幂级数形式,再进行多项式相除,否则将会得到错误的结果。

2. 部分分式展开法

如果 z 变换为有理分式

$$F(z) = \frac{N(z)}{D(z)} = \frac{b_m z^m + b_{m-1} z^{m-1} + \cdots + b_1 z + b_0}{a_n z^n + a_{n-1} z^{n-1} + \cdots + a_1 z + a_0} \tag{6-49}$$

可以像拉普拉斯逆变换那样,先将上式分解为部分分式之和,然后逆变换求得因果序列 $f(n)$。由于 z 变换的基本形式是 $1, \frac{z}{z-a}, \frac{z}{(z-1)^2}, \cdots, \frac{z}{(z-a)^m}$ 等,可以通过常用序列的 z 变换表直接得到它们的 z 逆变换。

式(6-49)中,通常 $m \leqslant n$。为了方便,可以先将 $F(z)/z$ 展开为部分分式,然后再对每个分式乘以 z,这样做不但对 $m=n$ 的情况可直接展开,而且展开的基本分式便于逆变换。

式(6-49)中,$D(z)=0$ 的根称为 $F(z)$ 的极点。下面就 $F(z)$ 的不同极点情况介绍展开方法。

(1) $F(z)$ 仅含有一阶单极点

如果 $F(z)$ 仅含有一阶单极点 $z_1, z_2, \cdots, z_n$,则 $F(z)/z$ 可以展开为

$$\frac{F(z)}{z} = \frac{K_0}{z} + \frac{K_1}{z-z_1} + \frac{K_2}{z-z_2} + \cdots + \frac{K_n}{z-z_n} = \sum_{i=0}^{n} \frac{K_i}{z-z_i}$$

式中,$z_0 = 0$。上式两边同乘以 z,得

$$F(z) = \sum_{i=0}^{n} \frac{K_i z}{z-z_i} \tag{6-50}$$

确定系数 K_i 的方法与拉普拉斯变换方法一样,即

$$K_i = \frac{F(z)}{z}(z-z_i)\Big|_{z=z_i} \tag{6-51}$$

显然

$$K_0 = F(z)\big|_{z=0}$$

故式(6-50)又可以写为

$$F(z) = K_0 + \sum_{i=1}^{n} \frac{K_i z}{z-z_i} \tag{6-52}$$

取上式的逆变换,得

$$f(n) = K_0 \delta(n) + \sum_{i=1}^{n} K_i (z_i)^n \varepsilon(n) \tag{6-53}$$

例 6-18 设变换 $F(z) = \dfrac{z^2}{z^2 - 1.5z + 0.5}$($F(z)$ 的收敛域为 $|z|>1$),求其原序列 $f(n)$。

解 因为

$$F(z) = \frac{z^2}{z^2 - 1.5z + 0.5} = \frac{z^2}{(z-1)(z-0.5)}$$

故有

$$\frac{F(z)}{z} = \frac{z}{(z-1)(z-0.5)} = \frac{K_1}{z-1} + \frac{K_2}{z-0.5}$$

解得

$$K_1 = (z-1)\frac{F(z)}{z}\bigg|_{z=1} = 2$$

$$K_2 = (z-0.5)\frac{F(z)}{z}\bigg|_{z=0.5} = -1$$

故

$$F(z) = \frac{2z}{z-1} - \frac{z}{z-0.5}$$

对上式各项取逆变换,得

$$f(n) = [2 - (0.5)^n]\varepsilon(n)$$

例 6-19 设有象函数 $F(z) = \dfrac{5z}{z^2 - 3z + 2}$,求其原序列 $f(n)$。

解 因为

$$F(z) = \frac{5z}{(z-1)(z-2)}$$

故有

$$\frac{F(z)}{z} = \frac{5}{(z-1)(z-2)} = \frac{K_1}{z-1} + \frac{K_2}{z-2}$$

可得系数

$$K_1 = (z-1)\frac{F(z)}{z}\bigg|_{z=1} = -5, K_2 = (z-2)\frac{F(z)}{z}\bigg|_{z=2} = 5$$

从而

$$F(z) = \frac{-5z}{z-1} + \frac{5z}{z-2}$$

逆变换得

$$f(n) = 5(2)^n\varepsilon(n) - 5\varepsilon(n) = 5(2^n - 1)\varepsilon(n)$$

也可以像拉普拉斯变换一样直接将 $F(z)$ 展开为部分分式,有

$$F(z) = \frac{5z}{(z-1)(z-2)} = \frac{K_1}{z-1} + \frac{K_2}{z-2}$$

其中

$$K_1 = (z-1)F(z)\,|_{z=1} = -5 \quad K_2 = (z-2)F(z)\,|_{z=2} = 10$$

从而

$$F(z) = \frac{-5}{z-1} + \frac{10}{z-2}$$

得

$$f(n) = -5\varepsilon(n-1) + 10(2)^{n-1}\varepsilon(n-1)$$

上式的形式虽然与前法不同,但二序列的值是一致的。

（2）$F(z)$仅含有重极点

设$F(z)$在z_1处有m阶极点，例如

$$F(z) = \frac{N(z)}{(z-z_1)^m}$$

仿照拉普拉斯变换的方法，则$F(z)/z$可展开为

$$\frac{F(z)}{z} = \frac{K_{11}}{(z-z_1)^m} + \frac{K_{12}}{(z-z_1)^{m-1}} + \cdots + \frac{K_{1m}}{z-z_1} + \frac{K_0}{z} \tag{6-54}$$

式中，$\frac{K_0}{z}$项是由于$F(z)$除以z后自动增加了$z=0$的极点所致。式（6-54）的系数由下式确定

$$K_{1n} = \frac{1}{(n-1)!} \frac{\mathrm{d}^{n-1}}{\mathrm{d}z^{n-1}} \left[(z-z_1)^m \frac{F(z)}{z} \right] \Bigg|_{z=z_1} \tag{6-55}$$

式中，$n=1,2,\cdots,m$。各系数确定以后，有

$$F(z) = \frac{K_{11}z}{(z-z_1)^m} + \frac{K_{12}z}{(z-z_1)^{m-1}} + \cdots + \frac{K_{1m}z}{z-z_1} + K_0$$

由表6-2中的变换对

$$\frac{z}{(z-a)^m} \leftrightarrow \frac{1}{(m-1)!} n(n-1)\cdots(n-m+2)a^{n-m+1}\varepsilon(n)$$

可容易地得到逆变换。

例6-20 设有象函数$F(z) = \frac{z}{(z-2)(z-1)^2}$，求其原序列$f(n)$。

解 因为

$$\frac{F(z)}{z} = \frac{1}{(z-2)(z-1)^2}$$

$z=1$为二阶极点，所以

$$\frac{F(z)}{z} = \frac{K_1}{z-2} + \frac{K_{11}}{(z-1)^2} + \frac{K_{12}}{z-1}$$

解得

$$K_1 = 1, \quad K_{11} = -1, \quad K_{12} = -1$$

所以

$$F(z) = \frac{z}{z-2} - \frac{z}{(z-1)^2} - \frac{z}{z-1}$$

故有序列

$$f(n) = (2^n - n - 1)\varepsilon(n)$$

6.5 z域数学模型——脉冲传递函数的基本概念

z变换的一个更为重要的意义是导出线性离散系统的传递函数，给离散系统的分析带来极大的方便。

众所周知，利用传递函数研究线性连续系统的特性，有公认的方便之处。对于线性连续

系统,传递函数定义为在零初始条件下,输出量的拉普拉斯变换与输入量的拉普拉斯变换之比。对于线性离散系统,脉冲传递函数的定义与线性连续系统传递函数的定义类似。

6.5.1 脉冲传递函数的定义

如图 6-20 所示,如果线性时不变离散系统的初始条件为零,输入信号为 $f(n)$,z 变换为 $F(z)$,系统的输出响应为 $y(n)$,z 变换为 $Y(z)$,则脉冲传递函数的定义为 $Y(z)$ 与 $F(z)$ 之比,即

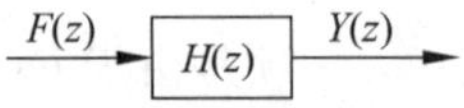

图 6-20　z 域系统模型

$$H(z) = \frac{Y(z)}{F(z)} \qquad (6-56)$$

设描述 N 阶 LTI 系统的差分方程为

$$\sum_{k=0}^{N} a_k y(n-k) = \sum_{r=0}^{M} b_r f(n-r)$$

输入为因果时间序列,在零初始条件下,对上式取 z 变换,得

$$Y(z) = \frac{\sum\limits_{r=0}^{M} b_r z^{-r}}{\sum\limits_{k=0}^{N} a_k z^{-k}} \cdot F(z)$$

从而脉冲传递函数为

$$H(z) = \frac{Y(z)}{F(z)} = \frac{\sum\limits_{r=0}^{M} b_r z^{-r}}{\sum\limits_{k=0}^{N} a_k z^{-k}} \qquad (6-57)$$

由此可见,系统脉冲传递函数 $H(z)$ 仅取决于系统的结构与参数,而与系统的激励和响应无关,一旦差分方程给定,$H(z)$ 即可立即确定;反之亦然。

$H(z)$ 与单位响应构成 z 变换对,即

$$h(n) \leftrightarrow H(z)$$

例 6-21　求下列差分方程所描述的离散系统的脉冲传递函数

$$y(n) + 4y(n-1) + y(n-2) - y(n-3) = 5x(n) + 10x(n-1) + 9x(n-2)$$

解　对上述差分方程取 z 变换

$$(1 + 4z^{-1} + z^{-2} - z^{-3})Y(z) = (5 + 10z^{-1} + 9z^{-2})X(z)$$

整理可得

$$H(z) = \frac{Y(z)}{X(z)} = \frac{5 + 10z^{-1} + 9z^{-2}}{1 + 4z^{-1} + z^{-2} - z^{-3}} = \frac{5z^3 + 10z^2 + 9z}{z^3 + 4z^2 + z - 1}$$

例 6-22　设有二阶数字控制系统的差分方程为

$$y(n) + 0.6y(n-1) - 0.16y(n-2) = f(n) + 2f(n-1)$$

(1) 求脉冲传递函数 $H(z)$;

(2) 求单位响应 $h(n)$。

解

(1) 求 $H(z)$。在零状态下对差分方程取 z 变换

$$(1+0.6z^{-1}-0.16z^{-2})Y(z)=(1+2z^{-1})F(z)$$

故有

$$H(z)=\frac{Y(z)}{F(z)}=\frac{1+2z^{-1}}{1+0.6z^{-1}-0.16z^{-2}}=\frac{z^2+2z}{z^2+0.6z-0.16}$$

(2) 求 $h(n)$。由于

$$H(z)=\frac{z(z+2)}{(z-0.2)(z+0.8)}$$

故

$$\frac{H(z)}{z}=\frac{z+2}{(z-0.2)(z+0.8)}=\frac{K_1}{(z-0.2)}+\frac{K_2}{(z+0.8)}$$

系数

$$K_1=(z-0.2)\frac{H(z)}{z}\bigg|_{z=0.2}=2.2 \quad K_2=(z+0.8)\frac{H(z)}{z}\bigg|_{z=-0.8}=-1.2$$

从而有

$$H(z)=\frac{2.2z}{(z-0.2)}-\frac{1.2z}{(z+0.8)}$$

所以

$$h(n)=[2.2(0.2)^n-1.2(-0.8)^n]\varepsilon(n)$$

6.5.2 脉冲传递函数的零、极点分布与稳定性

1. 脉冲传递函数 H(z)的零、极点分布与 h(n)的关系

系统的特性由系统函数 $H(z)$ 决定。$H(z)$ 通常为 z 的有理函数,其分子多项式 $N(z)$ 和分母多项式 $D(z)$ 均可以写为因子之积的形式,即

$$H(z)=\frac{N(z)}{D(z)}=H_0\frac{(z-\xi_1)(z-\xi_2)\cdots(z-\xi_m)}{(z-z_1)(z-z_2)\cdots(z-z_n)} \tag{6-58}$$

式中,$z=z_i(i=1,2,\cdots,n)$ 为 $H(z)$ 的极点,即 $D(z)=0$ 的根;$z=\xi_i(i=1,2,\cdots,m)$ 为 $H(z)$ 的零点,即 $N(z)=0$ 的根;H_0 为常数。

为简单起见,设 $H(z)$ 中不包含重极点,则 $H(z)$ 可展开成如下部分分式之和

$$H(z)=\sum_{i=0}^{n}\frac{K_i z}{z-z_i}$$

式中,$z_0=0$。上式又可以写为

$$H(z)=K_0+\sum_{i=1}^{n}\frac{K_i z}{z-z_i}$$

取逆变换得

$$h(n)=K_0\delta(n)+\sum_{i=1}^{n}K_i(z_i)^n\varepsilon(n)$$

上式表明：$H(z)$ 的每个极点决定 $h(n)$ 的一项时间序列。$h(n)$ 的变化模式完全取决于 $H(z)$ 的极点，而 $H(z)$ 的零点只影响 $h(n)$ 的幅值和相位(即影响 K_i)。极点可能是实数，也可能是成对的共轭复数。可以依据 $H(z)$ 的极点在 z 平面上的分布情况，判断出相应的 $h(n)$ 的变化趋势。

2. H(z)与稳定性

离散系统稳定性的定义：若对任意有界的输入序列，其输出序列的值总是有界的，这样的系统称为稳定系统。

可以证明，对于因果 LTI 系统，当且仅当单位响应绝对可和时，即

$$\sum_{n=0}^{\infty} \mid h(n) \mid < \infty \tag{6-59}$$

系统是稳定的。

从概念上讲，因为任意有界的输入序列均可以表示为单位序列 $\delta(n)$ 的线性组合，因此，只要单位响应 $h(n)$ 绝对可和，那么输出序列也必定有界。

根据 $h(n)$ 的变化模式，可以直观地说明稳定性。

(1) 稳定：若系统的单位响应 $h(n)$ 在足够长的时间之后完全消失，则系统是稳定的。

(2) 临界(边界)稳定：如果在足够长的时间之后 $h(n)$ 趋于一个非零常数或有界的等幅振荡，则系统是临界(边界)稳定的。

(3) 不稳定：如果在足够长的时间之后 $h(n)$ 无限制地增长，则系统是不稳定的。

由于 $h(n)$ 的变换模式完全取决于 $H(z)$ 的极点分布，所以可以得到如下结论：

(1) 若 $H(z)$ 的所有极点全部位于单位圆内，则系统稳定。

(2) 若 $H(z)$ 的一阶极点(实极点或共轭复极点)位于单位圆上，单位圆外无极点，则系统是临界稳定。

(3) 若 $H(z)$ 的极点只要有一个位于单位圆外，或在单位圆上有重极点，则系统不稳定。

例 6-23　检验下列系统的稳定性：

(1) $H(z) = \dfrac{z}{z-0.5} \quad |z| > 0.5$；

(2) $H(z) = \dfrac{z}{z-2} \quad |z| > 2$。

解　根据极点的位置判断系统稳定性即可。

(1) 因极点 $z = 0.5$，位于单位圆内，故系统是稳定的；

(2) 极点 $z = 2$，位于单位圆外，故系统是不稳定的。　■

例 6-24　对于下列差分方程所表示的离散因果系统

$$y(n) + 0.2y(n-1) - 0.24y(n-2) = x(n) + x(n-1)$$

(1) 求脉冲传递函数 $H(z)$，并说明它的稳定性；

(2) 求单位响应 $h(n)$；

(3) 当激励 $x(n)$ 为单位阶跃序列时，求零状态响应 $y_{zs}(n)$。

解

（1）将差分方程两边取 z 变换，得

$$Y(z) + 0.2z^{-1}Y(z) - 0.24z^{-2}Y(z) = X(z) + z^{-1}X(z)$$

所以

$$H(z) = \frac{Y(z)}{X(z)} = \frac{z(z+1)}{(z-0.4)(z+0.6)}$$

$H(z)$ 的极点分别为 0.4 和 -0.6，都在单位圆内，且为因果系统，因此该系统是稳定的。

（2）将 $\dfrac{H(z)}{z}$ 展成部分分式，得到

$$\frac{H(z)}{z} = \frac{1.4}{z-0.4} - \frac{0.4}{z+0.6}$$

所以

$$H(z) = \frac{1.4z}{z-0.4} - \frac{0.4z}{z+0.6}$$

$$h(n) = [1.4(0.4)^n - 0.4(-0.6)^n]\varepsilon(n)$$

（3）因为 $x(n)$ 为单位阶跃序列，有

$$X(z) = \frac{z}{z-1}$$

$$Y(z) = H(z)X(z) = \frac{z^2(z+1)}{(z-1)(z-0.4)(z+0.6)}$$

$$Y(z) = \frac{2.08z}{z-1} - \frac{0.93z}{z-0.4} - \frac{0.15z}{z+0.6}$$

故其零状态响应为

$$y(n) = [2.08 - 0.93(0.4)^n - 0.15(-0.6)^n]\varepsilon(n)$$ ∎

6.6　z 变换在系统分析中的应用

在连续时间系统中，可以通过傅里叶变换或拉普拉斯变换把函数从时间域转化到变换域（频域和复频域），从而把解微分方程的工作转化为求解线性代数方程的工作。类似地，在离散系统分析中，为避免求解差分方程的困难，也可以通过 z 变换的方法，把时间序列从离散时域变换到 z 域。这种方法的原理是基于 z 变换的线性和位移等性质，把差分方程转化为代数方程，从而使求解过程简化。本节主要介绍应用 z 变换分析离散时间系统的方法。

线性时不变离散系统的差分方程一般形式是

$$\sum_{k=0}^{N} a_k y(n-k) = \sum_{r=0}^{M} b_r f(n-r) \tag{6-60}$$

对式（6-60）两边取单边 z 变换，并利用位移性质，可得

$$\sum_{k=0}^{N} a_k z^{-k}\left[Y(z) + \sum_{l=-k}^{-1} y(l)z^{-l}\right] = \sum_{r=0}^{M} b_r z^{-r}\left[F(z) + \sum_{m=-r}^{-1} f(m)z^{-m}\right] \tag{6-61}$$

若激励信号 $f(n)=0$，即系统处于零输入状态，此时式（6-60）为齐次方程

$$\sum_{k=0}^{N} a_k y(n-k) = 0$$

式(6-61)变为

$$\sum_{k=0}^{N} a_k z^{-k} \left[Y(z) + \sum_{l=-k}^{-1} y(l) z^{-l} \right] = 0$$

于是

$$Y(z) = -\frac{\sum\limits_{k=0}^{N} \left[a_k z^{-k} \cdot \sum\limits_{l=-k}^{-1} y(l) z^{-l} \right]}{\sum\limits_{k=0}^{N} a_k z^{-k}} \tag{6-62}$$

对应的响应序列是上式的逆变换

$$y(n) = \mathcal{Z}^{-1} \left[Y(z) \right]$$

显然它是零输入响应,该响应由系统的起始状态 $y(l)(-N \leqslant l \leqslant -1)$ 产生。

若系统的起始状态 $y(l) = 0(-N \leqslant l \leqslant -1)$,即系统处于零起始状态,此时式(6-61)变为

$$\sum_{k=0}^{N} a_k z^{-k} Y(z) = \sum_{r=0}^{M} b_r z^{-r} \left[F(z) + \sum_{m=-r}^{-1} f(m) z^{-m} \right]$$

如果激励信号 $f(n)$ 为因果序列,上式可写为

$$\sum_{k=0}^{N} a_k z^{-k} Y(z) = \sum_{r=0}^{M} b_r z^{-r} F(z)$$

于是

$$\frac{Y(z)}{F(z)} = \frac{\sum\limits_{r=0}^{M} b_r z^{-r}}{\sum\limits_{k=0}^{N} a_k z^{-k}} \tag{6-63}$$

上式即为系统的脉冲传递函数

$$H(z) = \frac{Y(z)}{F(z)}$$

则有

$$Y(z) = F(z) \cdot H(z)$$

对应的响应序列是上式的逆变换

$$y(n) = \mathcal{Z}^{-1} \left[Y(z) \right]$$

这样得到的响应是系统的零状态响应。离散系统的总响应等于零输入响应和零状态响应之和。

例 6-25 设有二阶离散系统的差分方程为

$$y(n) - 2.5y(n-1) + y(n-2) = f(n)$$

若系统的起始状态 $y(-1) = -1, y(-2) = 1$,输入 $f(n) = 3\varepsilon(n)$,试求响应 $y(n)$。

解 因该系统既有起始状态又有外加输入,故响应中包括零输入分量和零状态分量。考虑到

$$F(z) = \frac{3z}{z-1}$$

由非零状态序列的单边 z 变换关系得

$$\mathscr{Z}[y(n-1)] = z^{-1}Y(z) + y(-1)$$
$$\mathscr{Z}[y(n-2)] = z^{-2}Y(z) + z^{-1}y(-1) + y(-2)$$

则原方程的 z 变换为

$$(1 - 2.5z^{-1} + z^{-2})Y(z) - 2.5y(-1) + z^{-1}y(-1) + y(-2) = \frac{3z}{z-1}$$

从而

$$Y(z) = \underbrace{\frac{2.5y(-1) - z^{-1}y(-1) - y(-2)}{1 - 2.5z^{-1} + z^{-2}}}_{Y_{zi}(z)} + \underbrace{\frac{\dfrac{3z}{z-1}}{1 - 2.5z^{-1} + z^{-2}}}_{Y_{zs}(z)}$$

上式第一项仅与起始状态有关,称为零输入响应的象函数,记为 $Y_{zi}(z)$;第二项仅与外加输入有关,称为零状态响应的象函数,记为 $Y_{zs}(z)$。进一步整理,可得

$$Y(z) = \frac{z(1 - 3.5z)}{(z-2)(z-0.5)} + \frac{3z^3}{(z-1)(z-2)(z-0.5)} = Y_{zi}(z) + Y_{zs}(z)$$

将其分别进行部分分式展开

$$\frac{Y_{zi}(z)}{z} = \frac{1 - 3.5z}{(z-2)(z-0.5)} = \frac{-4}{z-2} + \frac{0.5}{z-0.5}$$

$$\frac{Y_{zs}(z)}{z} = \frac{3z^2}{(z-1)(z-2)(z-0.5)} = \frac{-6}{z-1} + \frac{8}{z-2} + \frac{1}{z-0.5}$$

故有

$$Y_{zi}(z) = \frac{-4z}{z-2} + \frac{0.5z}{z-0.5}$$

$$Y_{zs}(z) = \frac{-6z}{z-1} + \frac{8z}{z-2} + \frac{z}{z-0.5}$$

分别取逆变换

$$y_{zi}(n) = [-4(2)^n + 0.5(0.5)^n]\varepsilon(n)$$
$$y_{zs}(n) = [-6 + 8(2)^n + (0.5)^n]\varepsilon(n)$$

系统的完全响应

$$y(n) = y_{zi}(n) + y_{zs}(n) = [-6 + 4(2)^n + 1.5(0.5)^n]\varepsilon(n)$$

例 6-26 设一数字处理系统的差分方程为

$$y(n) - 0.9y(n-1) + 0.2y(n-2) = f(n) - f(n-1)$$

试求 $f(n) = \varepsilon(n)$ 时的阶跃响应和单位响应 $h(n)$。

解 系统在零状态条件下,由单位阶跃序列产生的响应称为阶跃响应。由于这里 $f(n) = \varepsilon(n)$,故

$$f(-1) = f(-2) = \cdots = 0$$

且起始状态

$$y(-1) = y(-2) = \cdots = 0$$

故对差分方程取 z 变换时,与 $f(-1), y(-1), y(-2)$ 有关的项均为零,故有

$$Y(z) - 0.9z^{-1}Y(z) + 0.2z^{-2}Y(z) = F(z) - z^{-1}F(z)$$

即

$$(1 - 0.9z^{-1} + 0.2z^{-2})Y(z) = (1 - z^{-1})F(z)$$

从而零状态响应的象函数为(以后当不研究零输入响应时,均把 $Y_{zs}(z)$ 记为 $Y(z)$)

$$Y(z) = \frac{1 - z^{-1}}{(1 - 0.9z^{-1} + 0.2z^{-2})}F(z) = \frac{z^2 - z}{z^2 - 0.9z + 0.2}F(z)$$

因为

$$F(z) = \frac{z}{z - 1}$$

代入上式,得

$$Y(z) = \frac{z^2}{z^2 - 0.9z + 0.2} = \frac{z^2}{(z - 0.5)(z - 0.4)}$$

部分分式展开

$$\frac{Y(z)}{z} = \frac{z}{z^2 - 0.9z + 0.2} = \frac{K_1}{z - 0.5} + \frac{K_2}{z - 0.4}$$

解得系数

$$K_1 = (z - 0.5)\frac{F(z)}{z}\bigg|_{z=0.5} = 5 \quad K_2 = (z - 0.4)\frac{F(z)}{z}\bigg|_{z=0.4} = -4$$

故有

$$Y(z) = \frac{5z}{z - 0.5} - \frac{4z}{z - 0.4}$$

逆变换得阶跃响应

$$y(n) = s(n) = 5(0.5)^n\varepsilon(n) - 4(0.4)^n\varepsilon(n)$$

根据单位响应与阶跃响应的关系

$$h(n) = s(n) - s(n - 1)$$

故该系统的单位响应

$$h(n) = [5(0.5)^n\varepsilon(n) - 4(0.4)^n\varepsilon(n)] - [5(0.5)^{n-1} - 4(0.4)^{n-1}]\varepsilon(n - 1)$$

小　　结

(1) z 变换方法是分析 LTI 离散系统的重要的数学工具。z 变换对为:

$$F(z) = \sum_{n=-\infty}^{\infty} f(nT)z^{-n}$$

$$f(n) = \frac{1}{2\pi j}\oint_C F(z)z^{n-1}\mathrm{d}z$$

(2) z 变换的主要性质如下:

① 线性性质

$$a_1 f_1(n) \pm a_2 f_2(n) \leftrightarrow a_1 F_1(z) \pm a_2 F_2(z)$$

② 时移性质

$$f(n \pm m) \leftrightarrow z^{\pm m}F(z)$$

③ 尺度变换性质

$$a^n f(n) \leftrightarrow F\left(\frac{z}{a}\right)$$

④ 频域微分性质

$$nf(n) \leftrightarrow -z \frac{\mathrm{d}}{\mathrm{d}z} F(z)$$

⑤ 初值定理与终值定理

$$f(0) = \lim_{z \to \infty} F(z)$$

$$\lim_{n \to \infty} f(n) = \lim_{z \to 1} \left[(z-1)F(z)\right]$$

⑥ 卷积定理

$$f_1(n) * f_2(n) \leftrightarrow F_1(z) \cdot F_2(z)$$

(3) 常用的求 z 逆变换的方法有以下三种:幂级数展开法、部分分式展开法、留数法,经常使用部分分式展开法。

① 幂级数展开法(长除法)。

由 z 变换的定义式

$$F(z) = \sum_{n=0}^{\infty} f(n) z^{-n}$$

可知,由于序列 $f(n)$ 的 z 变换定义为 z^{-1} 的幂级数。所以只要在指定的收敛域内把 $F(z)$ 展开成幂级数,则级数就是序列 $f(n)$。

② 部分分式展开法。

如果 z 变换为有理分式

$$F(z) = \frac{N(z)}{D(z)} = \frac{b_m z^m + b_{m-1} z^{m-1} + \cdots + b_1 z + b_0}{a_n z^n + a_{n-1} z^{n-1} + \cdots + a_1 z + a_0}$$

可以像拉普拉斯逆变换那样,先将上式分解为部分分式之和,然后逆变换求得因果序列 $f(n)$。由于 z 变换的基本形式是 1、$\frac{z}{z-a}$、$\frac{z}{(z-a)^2}$、$\cdots$、$\frac{z}{(z-a)^m}$ 等,可以通过表 6-2 直接得到它们的 z 逆变换。

(4) z 变换的应用。

在离散系统分析中,为避免求解差分方程的困难,也可以通过 z 变换的方法,把时间序列从离散时域变换到 z 域。这种方法的原理是基于 z 变换的线性和位移等性质,把差分方程转化为代数方程,从而使求解过程简化。

习 题

6-1 由图 6-21 所示离散时间序列的波形写出表达式。

6-2 现有时间序列 $f_1(k)$、$f_2(k)$ 如图 6-22 所示,画出相加、相乘的波形。

6-3 斐波那契数列为 $\{0,1,1,2,3,5,8,13,21,\cdots\}$,规律为第 n 项总是前两项之和,设第 n 个数值为 $y(n)$,试写出差分方程表达式并求解。

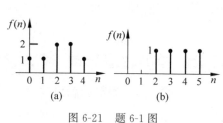

图 6-21 题 6-1 图

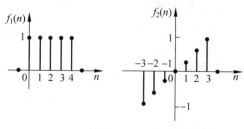

图 6-22 题 6-2 图

6-4 设有一阶差分方程 $y(n)-ay(n-1)=0$，已知起始状态 $y(-1)=2$，试求零输入响应。

6-5 已知系统的差分方程为 $y(n)+6y(n-1)+8y(n-2)=x(n-1)$，求单位函数响应 $h(n)$。

6-6 已知系统的差分方程为 $y(n)-5y(n-1)+6y(n-2)=x(n)$，求单位函数响应 $h(n)$。

6-7 求正弦和余弦序列的 z 变换。

6-8 已知 $F(z)=\dfrac{z}{z^2-2z+1}$，用长除法（幂级数展开法）求原序列 $f(n)$。

6-9 求下列象函数 $F(z)$ 的逆变换 $f(n)$：

(1) $F(z)=\dfrac{z^2}{z^2+1}$；

(2) $F(z)=\dfrac{z^2}{(z-1)^2}$；

(3) $F(z)=\dfrac{z^2+z+1}{z^2+3z+2}$。

6-10 求下列象函数 $F(z)$ 的 z 逆变换：

(1) $F(z)=\dfrac{1-0.5z^{-1}}{1+\dfrac{3}{4}z^{-1}+\dfrac{1}{8}z^{-2}}$；

(2) $F(z)=\dfrac{1-2z^{-1}}{z^{-1}+2}$；

(3) $F(z)=\dfrac{2z}{(z-1)(z-2)}$；

(4) $F(z)=\dfrac{3z^2+z}{(z-0.2)(z+0.4)}$。

6-11 已知 $y(n)-by(n-1)=f(n)$，$y(-1)=2$，$f(n)=a^n\varepsilon(n)$，用 z 变换法求 $y(n)$。

6-12 已知系统的差分方程为 $y(n)-5y(n-1)+6y(n-2)=x(n)-3x(n-2)$。求 $h(n)$。

6-13 已知系统的差分方程为
$$y(n+2)-0.7y(n+1)+0.1y(n)=7x(n+2)-2x(n+1)$$

系统的初始状态为 $y_{zi}(0)=2$，$y_{zi}(1)=4$；系统的激励为单位阶跃序列，求系统的响应。

6-14 设有差分方程表示的系统，试求系统脉冲传递函数 $H(z)$，并讨论系统的稳定性。

$$y(n)+0.1y(n-1)-0.2y(n-2)=f(n)+f(n-1)$$

6-15 设数字滤波器的脉冲传递函数为

$$H(z)=\frac{z^2-z+1}{z^2-z+\dfrac{1}{2}}$$

试判断系统的稳定性。

数学家棣莫弗

【**简介**】 棣莫弗是法国数学家。1667 年 5 月 26 日生于法国维特里勒弗朗索瓦；1754 年 11 月 27 日死于英国伦敦。棣莫弗出生于法国的一个乡村医生之家，最先在当地一所天主教堂学校念书，随后他离开农村到色拉的一所清教徒学校求学，这所学校戒律森严，要求学生宣誓效忠教会，棣莫弗拒绝服从，于是受到严厉制裁，被罚背诵各种教义，但棣莫弗却偷偷地学习数学，他最感兴趣的是惠更斯的《论赌博中的机会》一书，这本书启发了他的数学灵感，后来他又研读了欧几里得的《几何原本》。棣莫弗是法国加尔文派教徒，在新旧教派斗争中被监禁，由于南兹敕令释放后 1685 年移居英国，曾任家庭教师和保险事业顾问等职，并潜心科学研究，当他读了牛顿的《自然哲学的数学原理》后深深地被这部著作吸引了，后来，他曾回忆自己是如何学习牛顿的这部巨著的：他当时靠做家庭教师糊口，必须给许多家庭的孩子上课，因此时间很紧，于是就将这部巨著拆开，当他教完一家的孩子后去另一家的路

棣莫弗（Abraham De Moivre，1667—1754 年，法国）

上，赶紧阅读几页，不久便把这部书读完了，从而打下了坚实的基础。1695 年写出颇有见地的有关流数学的论文，并成为牛顿的好友。两年后当选为皇家学会会员，1735 年、1754 年又分别被接纳为柏林科学院和巴黎科学院院士。由于棣莫弗是从欧洲大陆到英国的侨民，而且又懂微积分，所以曾被派参加专门调解牛顿与莱布尼茨之间关于微积分发明权之争的委员会。

【**数学方面主要贡献**】 在数学中（尤其概率论方面），他的贡献重大。1711 年，他写了《抽签的计量》，并在七年后修改扩充为《机遇论》发表。这是早期概率论的专著之一，当中首次定义了独立事件的乘法定理，给出二项分布公式，更讨论了许多掷骰和其他赌博的问题。另外，他于 1730 年出版的概率著作《分析杂录》中使用了概率积分 $\int_0^{\infty}e^{-x^2}dx=\dfrac{\sqrt{\pi}}{2}$，得出 n 阶乘的级数表达式，并指出对于很大的 n，$n!\sim\left(\dfrac{n}{e}\right)^n\sqrt{2n\pi}$，但现误称为斯特林公式。而且此书使其成为最早使用概率积分的人。三年后，他又以阶乘的近似公式导出了正态分布的频

率曲线,并作二项分布之近似。1733 年他又用阶乘的近似公式导出正态分布的频率曲线 $y=ce^{-kx^2}$(其中 c 和 k 是常数),以此作为二项分布的近似。以棣莫弗姓氏命名的棣莫弗—拉普拉斯极限定理,是概率论中第二个基本极限定理的原始形式。棣莫弗 1707 年在研究三角学时实质上已经得到了"棣莫弗公式"$(\cos\theta+j\sin\theta)^n=\cos n\theta+j\sin n\theta$,只不过在 1722 年发表时没有明显地表达出来(明显表达出来是欧拉给出的,欧拉还把此公式推广到任意实数 n,而棣莫弗只讨论了 n 是自然数的情形)。棣莫弗还于 1725 年出版专门论著,把概率论应用于保险事业上。

棣莫弗在概率论方面的成就,受到了他同时代的科学家的关注和赞誉。例如,哈雷将棣莫弗的《机会的学说》呈送牛顿,牛顿阅读后倍加赞赏。据说,后来遇到学生向牛顿请教概率方面的问题时,牛顿就说:"这样的问题应该去找棣莫弗,他对这些问题的研究比我深得多。"

棣莫弗还将概率论应用于保险事业。1725 年,他出版了《年金论》,在这本书中他不仅改进了以往众所周知的关于人口统计的方法,而且在假定死亡率所遵循的规律以及银行利息不变的情况下,推导出了计算年金的公式,从而为保险事业提供了合理处理有关问题的依据,这些内容被后人奉为经典。他的《年金论》在欧洲产生了广泛的影响,先后用多种文字出版。

棣莫弗还用复数证明了求解方程 $x^n-1=0$ 相当于把圆周分成 n 等分的结论,因此产生了所谓棣莫弗圆的性质的研究,这个问题在解方程发展史上也有一定的影响。

关于棣莫弗的死有一个颇具数学色彩的神奇传说:在临终前若干天,棣莫弗发现,他每天需要比前一天多睡 1/4 小时,那么各天睡眠时间将构成一个算术级数,当此算术级数达到 24 小时时,棣莫弗就长眠不醒了。

早在 1730 年,棣莫弗在研究概念理论时,用到了生成函数的概念,它的形式与 z 变换就是相同的。尽管如此,直到 20 世纪五六十年代,由于抽样数据控制系统和数字计算机的研究与实践,才使 z 变换真正有了一个广阔的应用天地。

附录A

数学发展简史

宇宙之大,粒子之微,火箭之速,化工之巧,地球之变,生物之谜,日用之繁,数学无处不在。——华罗庚

数学是研究现实世界中数量关系和空间形式的科学。简单地说,就是研究数和形的科学。数学发展史大致可以分为五个阶段。

第一个时期：数学形成时期（远古至公元前 5 世纪）

这是人类建立最基本的数学概念的时期。人类从数数开始逐渐建立了自然数的概念,简单的计算法,并认识了最简单的几何形式,算术与几何还没有分开。

第二个时期：常量（初等）数学时期（公元前 5 世纪—17 世纪）

也称为初等数学时期。形成了初等数学的主要分支：算术、几何、代数、三角。该时期的两大巨著：《几何原本》《九章算术》。

第三个时期：变量（高等）数学时期（17 世纪—19 世纪）

变量与函数的概念进入数学。解析几何、微积分、概率论、射影几何形成。大体上经历了两个决定性的重大步骤：第一步是解析几何的产生,由法国数学家笛卡儿和费马等人创建（1637 年）；第二步是微积分的创立,由牛顿和莱布尼茨等人创建。

到 16 世纪,封建制度开始消亡,资本主义开始发展并兴盛起来,在这一时期中,家庭手工业、手工业作坊逐渐地转化为以使用机器为主的大工业。实践的需要和各门科学本身的发展使自然科学转向对运动的研究,因此对数学提出了新的要求。对各种变化过程和各种变化着的量之间的依赖关系的研究,在数学中产生了变量和函数的概念,数学对象的这种根本扩展决定了数学向新的阶段,即向变量数学时期的过渡。

笛卡儿（Rene Descartes,1596—1650 年）　　费马（Pierre de Fermat,1601—1665 年）

变量数学建立的第一个决定性步骤出现在 1637 年笛卡儿的著作《几何学》,这本书奠定了解析几何的基础,从而变量进入了数学,运动进入了数学。恩格斯指出:"数学中的转折点是笛卡儿的变数,有了变数,运动进入了数学;有了变数,辩证法进入了数学;有了变数,微分和积分也就立刻成为必要的了……"。

笛卡儿(Rene Descartes,1596—1650 年),法国科学家、哲学家、数学家,1596 年 3 月 13 日,生于法国西部的希列塔尼半岛上的图朗城,3 天后,母亲去世,从小便失去母亲的笛卡儿一直体弱多病。1649 年 10 月,笛卡儿应瑞典女王克里斯蒂娜的邀请来到瑞典首都斯德哥尔摩,为这位 19 岁的姑娘讲授哲学和数学,很遗憾由于笛卡儿对女王的生活习惯不适应,加上严寒冬天的威胁,这位伟大的数学家、物理学家和哲学家病倒了。1650 年 2 月 11 日,这位科学巨人与世长辞了。

变量数学发展的第二个决定性步骤是牛顿和莱布尼茨在 17 世纪后半叶建立了微积分。微积分的诞生具有划时代的意义,是数学史上的分水岭和转折点,对此恩格斯是这样评价的:"在一切理论成就中,未必再有什么像 17 世纪下半叶微积分的发现那样被看作人类精神的最高胜利了,如果在某个地方我们看到人类精神的纯粹和唯一的功绩,那正是在这里。"

微积分的出现具有划时代的意义,时至今日,它不仅成了学习高等数学各个分支必不可少的基础,而且是学习近代任何一门自然科学和工程技术的必备工具。

牛顿(Isaac Newton,1643—1727 年)　　　　莱布尼茨(Wilhelm Leibniz,1646—1716 年)

第四个时期:近代数学(19 世纪中叶至第二次世界大战)

大致从 19 世纪中叶开始,是数学发展的现代阶段的开端,包括非欧几里得几何、抽象代数、复变函数论、集合论、微分几何、微分方程论、积分方程论、点集拓扑、组合拓扑等。

第五个时期:现代数学(20 世纪 40 年代以来)

这个时期是科学技术飞速发展的时期,不断出现震撼世界的重大创造与发展。在这个时期里数学发展的特点是,由研究现实世界的一般抽象形式和关系,进入到研究更抽象、更一般的形式和关系,数学各分支互相渗透融合。随着计算机的出现和日益普及,数学越来越显示出科学和技术的双重品质。20 世纪初,涌现了大量新的应用数学科目,内容丰富,名目繁多,前所未有。数学渗透到几乎所有的科学领域里去,起到越来越大的作用。今天,在人类的一切智力活动中,没有受到数学(包括电子计算机)影响的领域已经寥寥无几了。从 19 世纪起,数学分支越来越多,到 20 世纪初,可以数出上百个不同的分支。另一方面,这些学科又彼此融合,互相促进,错综复杂地交织在一起,产生出许多边缘性和综合性学科。因此,数学发展的整体化趋势日益加强,同时纯数学也不断向纵深发展。

21世纪的数学是量子数学的时代,或者称为无穷维数学的时代。量子数学的含义是指我们能够恰当地理解分析、几何、拓扑和各式各样的非线性函数空间的代数。

数学发展第一时期与第二时期的主要成果,即初等数学中的主要内容已经成为中小学教育的内容。第三个时期的主要成果,如解析几何(部分已放入中学教学内容)、微积分(部分已放入中学教学内容)、微分方程、高等代数、概率论(部分已放入中学教学内容)等已成为高等学校理工科教育的主要内容。

附录B

工程数学三大变换间的关系

本书中,针对连续系统和离散系统两大模块,分别有三大变换域(ω 域、s 域和 z 域)和三大变换(傅里叶变换、拉普拉斯变换和 z 变换)。傅里叶变换和拉普拉斯变换,都是针对连续时间信号和连续时间系统的理论分析的重要数学工具。由于计算机只能对离散信号进行分析和处理,因此还需要掌握对离散信号和离散系统进行分析和处理的数学工具。拉普拉斯变换是连续时间傅里叶变换的推广,从复平面虚轴处的变换推广到整个复平面。在离散时间信号与系统中,也可以将傅里叶变换进行推广,得到一种称为 z 变换的方法。

1. 变换域表示:以指数函数 $e^{j\omega t}$、e^{st} 和 z^n 表示的三大变换

(1)傅里叶变换对,以 $e^{j\omega t}$ 表示

$$F(\omega) = \int_{-\infty}^{\infty} f(t)e^{-j\omega t}\,dt$$

$$f(t) = \frac{1}{2\pi}\int_{-\infty}^{\infty} F(\omega)e^{j\omega t}\,d\omega$$

(2)拉普拉斯变换对,以 e^{st} 表示

$$F(s) = \int_{-\infty}^{\infty} f(t)e^{-st}\,dt$$

$$f(t) = \frac{1}{2\pi j}\int_{\sigma-j\infty}^{\sigma+j\infty} F(s)e^{st}\,ds$$

(3)z 变换对,以 z^n 表示

$$F(z) = \sum_{n=0}^{\infty} f(n)z^{-n}$$

$$f(n) = \frac{1}{2\pi j}\oint_C F(z)z^{n-1}\,dz$$

2. 三大变换间的转化关系

(1)从傅里叶变换到拉普拉斯变换

拉普拉斯变换是傅里叶变换的一种特殊形式,可以从傅里叶变换中直接推导出来。

函数 $f(t)e^{-\sigma t}$ 的傅里叶变换为

$$\mathcal{F}[f(t)e^{-\sigma t}] = \int_{-\infty}^{\infty} f(t)e^{-\sigma t}e^{-j\omega t}\,dt$$

$$= \int_{-\infty}^{\infty} f(t)e^{-(\sigma+j\omega)t}\,dt$$

显然上式积分结果是 $\sigma+j\omega$ 的函数,即

$$F(\sigma+j\omega)=\int_{-\infty}^{\infty}f(t)e^{-(\sigma+j\omega)t}dt$$

令 $s=\sigma+j\omega$,傅里叶变换式可变换为拉普拉斯变换

$$F(s)=\int_{-\infty}^{\infty}f(t)e^{-st}dt$$

(2) 从拉普拉斯变换到 z 变换

z 变换是拉普拉斯变换的一种特殊形式,可以从拉普拉斯变换中直接推导出来。

首先来看采样函数的拉氏变换。若连续因果函数 $f(t)$ 经过

$$\delta_T(t)=\sum_{n=-\infty}^{\infty}\delta(t-nT)$$

冲激采样,则采样信号 $f_s(t)$ 的表达式为

$$f_s(t)=f(t)\delta_T(t)=f(t)\sum_{n=-\infty}^{\infty}\delta(t-nT)$$

$$=\sum_{n=-\infty}^{\infty}f(nT)\delta(t-nT)$$

式中 T 为采样周期。对 $f_s(t)$ 取拉普拉斯变换为

$$F(s)=\mathcal{L}\left[\sum_{n=-\infty}^{\infty}f(nT)\delta(t-nT)\right]=\sum_{n=-\infty}^{\infty}f(nT)e^{-nsT}$$

引入复变量 z

$$z=e^{Ts}$$

则上式拉普拉斯变换可变换为 z 变换

$$F(z)=\sum_{n=-\infty}^{\infty}f(nT)z^{-n}$$

(3) z 平面与 s 平面的对应关系

$$s=\sigma+j\omega$$
$$z=re^{j\Omega}$$

故

$$z=e^{Ts}=e^{(\sigma+j\omega)T}=e^{\sigma T}\cdot e^{j\omega T}=re^{j\Omega}$$

即有

$$r=e^{\sigma T}$$
$$\Omega=\omega T$$

可见,数字角频率 Ω 在数值上等于 z 的辐角。此式可说明 z 平面与 s 平面的对应关系:

(1) s 平面的虚轴($\sigma=0,s=j\omega$)映射到 z 平面是单位圆($r=1$);

(2) s 平面的左半平面($\sigma<0$)映射到 z 平面是单位圆内($r<1$);

(3) s 平面的右半平面($\sigma>0$)映射到 z 平面是单位圆外($r>1$);

(4) $z=e^{Ts}$ 是以 2π 为周期的周期函数,当 s 平面上沿虚轴移动(ω 变化)时,对应 z 平面上沿单位圆旋转,且当 ω 移动 2π 时,z 的辐角 Ω 变化 2π,即沿单位圆旋转一周。所以从 s 平面到 z 平面的映射不是单值关系,如图 B-1 所示。

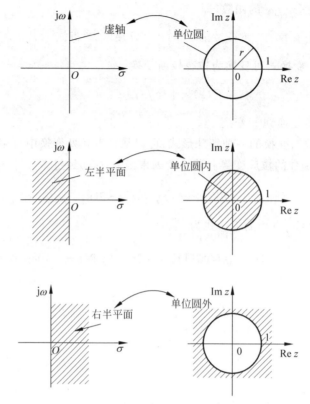

图 B-1　z 平面与 s 平面的映射对应

3. 系统分析中传递函数的变换域表示

$$H(\omega) = \frac{Y(\omega)}{U(\omega)} \quad (\omega \text{ 域,频率特性})$$

$$H(s) = \frac{Y(s)}{U(s)} \quad (s \text{ 域,传递函数})$$

$$H(z) = \frac{Y(z)}{U(z)} \quad (z \text{ 域,脉冲传递函数})$$

附录C

常用函数的三大变换对比表

表 C-1　常用函数的三大变换对比表

原函数 $f(t)$	$F(j\omega)$	$F(s)$	$F(z)$
$\delta(t)$	1	1	1
$\delta'(t)$		s	
$\varepsilon(t)$	$\pi\sigma(\omega)+\dfrac{1}{j\omega}$	$\dfrac{1}{s}$	$\varepsilon(n)\leftrightarrow\dfrac{z}{z-1}$
t		$\dfrac{1}{s^2}$	$n\leftrightarrow\dfrac{z}{(z-1)^2}$
t^2		$\dfrac{2}{s^3}$	$n^2\leftrightarrow\dfrac{z(z+1)}{(z-1)^3}$
t^n		$\dfrac{n!}{s^{n+1}}$	$na^n\leftrightarrow\dfrac{az}{(z-a)^2}$
e^{-at}	$\dfrac{1}{j\omega+a}$	$\dfrac{1}{s+a}$	$e^{an}\leftrightarrow\dfrac{z}{z-e^a}$
te^{-at}	$\dfrac{1}{(j\omega+a)^2}$	$\dfrac{1}{(s+a)^2}$	
$\sin\omega t$	$\sin\omega_0 t\leftrightarrow$ $j\pi[\sigma(\omega+\omega_0)+\sigma(\omega-\omega_0)]$	$\dfrac{\omega}{s^2+\omega^2}$	$\sin\Omega n\leftrightarrow\dfrac{z\sin\Omega}{z^2-2z\cos\Omega+1}$
$\cos\omega t$	$\cos\omega_0 t\leftrightarrow$ $\pi[\sigma(\omega+\omega_0)+\sigma(\omega-\omega_0)]$	$\dfrac{s}{s^2+\omega^2}$	$\cos\Omega n\leftrightarrow\dfrac{z(z-\cos\Omega)}{z^2-2z\cos\Omega+1}$
$e^{-at}\sin\omega t$		$\dfrac{\omega}{(s+a)^2+\omega^2}$	$\dfrac{ze^{-aT}\sin\Omega}{z^2-2ze^{-aT}\cos\Omega+e^{-2aT}}$
$e^{-at}\cos\omega t$		$\dfrac{s+a}{(s+a)^2+\omega^2}$	$\dfrac{z(z-e^{-aT}\cos\Omega T)}{z^2-2ze^{-aT}\cos\Omega+e^{-2aT}}$

表 C-2　三大变换常用的性质对比表

性质	时　域	频　域	复频域	z　域
线性性质	$a_1f_1(t)+a_2f_2(t)$	$a_1F_1(j\omega)+a_2F_2(j\omega)$	$a_1F_1(s)+a_2F_2(s)$	$a_1F_1(z)+a_2F_2(z)$
频移性质	$f(t)e^{\pm j\omega_0 t}$	$F(\omega\mp\omega_0)$		
	$f(t)e^{s_0 t}$		$F(s-s_0)$	
时移性质	$f(t\pm t_0)$	$F(\omega)e^{\pm j\omega t_0}$		
	$f(t-t_0)\varepsilon(t-t_0)$		$e^{-st_0}F(s)$	
	$f(n-m)$	$F(e^{j\Omega})e^{-jm\Omega}$		$z^{-m}\left[F(z)+\sum_{k=1}^{m}f(-k)z^k\right]$
	$f(n-m)\varepsilon(n-m)$			$z^{-m}F(z)$

续表

性质	时　域	频　域	复　频　域	z　域
尺度变换	$f(at)$	$\dfrac{1}{\lvert a\rvert}F\left(\dfrac{\omega}{a}\right)$	$\dfrac{1}{a}F\left(\dfrac{s}{a}\right)$	
	$a^n f(n)$			$F\left(\dfrac{z}{a}\right)$
时域微分	$\dfrac{\mathrm{d}^n}{\mathrm{d}t^n}f(t)$	$(\mathrm{j}\omega)^n F(\omega)$	$s^n F(s)-s^{n-1}f(0_-)$ $-s^{n-2}f'(0_-)-\cdots$ $-f^{n-1}(0_-)$	
	$f'(t)$		$sF(s)-f(0_-)$	
	$n^m f(n)$			$\left(-z\dfrac{\mathrm{d}}{\mathrm{d}z}\right)^m F(z)$
	$nf(n)$	$-\mathrm{j}\left[\dfrac{\mathrm{d}}{\mathrm{d}\Omega}F(\mathrm{e}^{\mathrm{j}\Omega})\right]$		$-z\dfrac{\mathrm{d}}{\mathrm{d}z}F(z)$
时域积分	$\displaystyle\int_{-\infty}^t f(\tau)\mathrm{d}\tau$	$\pi F(0)\sigma(\omega)+\dfrac{1}{\mathrm{j}\omega}F(\omega)$		
	$\displaystyle\int_{0_-}^t f(x)\mathrm{d}x$		$\dfrac{1}{s}F(s)$	
	$\displaystyle\sum_{n=0}^k f(n)$			$\dfrac{z}{z-1}F(z)$
初值定理			$\left.\begin{array}{l}\lim\limits_{t\to0}f(t)=\lim\limits_{s\to\infty}sF(s)\\[4pt]\text{或}\,f(0_+)=\lim\limits_{s\to\infty}sF(s)\end{array}\right\}$	$f(0)=\lim\limits_{z\to\infty}F(z)$
终值定理			$\left.\begin{array}{l}\lim\limits_{t\to\infty}f(t)=\lim\limits_{s\to0}sF(s)\\[4pt]\text{或}\,f(+\infty)=\lim\limits_{s\to0}sF(s)\end{array}\right\}$	$\lim\limits_{n\to\infty}f(n)=\lim\limits_{z\to1}[(z-1)F(z)]$
卷积定理	$f_1(t)*f_2(t)$	$F_1(\omega)\cdot F_2(\omega)$	$F_1(s)\cdot F_2(s)$	
	$f_1(n)*f_2(n)$			$F_1(z)\cdot F_2(z)$

部分习题答案

第 1 章

1-1　（1）线性；（2）线性时不变；（3）线性时变；（4）非线性时不变。

第 2 章

2-1　（1）j

　　　（2）$-\dfrac{3}{2}-\dfrac{1}{2}$j

2-2　$-1+$j

2-3　$-\dfrac{7}{5}-\dfrac{1}{5}$j，$-\dfrac{7}{5}+\dfrac{1}{5}$j

2-4　$\text{Re}(z)=\dfrac{3}{2}$；$\text{Im}(z)=-\dfrac{1}{2}$，$\dfrac{5}{2}$；$\dfrac{3}{2}-\dfrac{1}{2}$j

2-6　（1）$\pm(3+2\text{j})$

　　　（2）$\pm\sqrt{2}$

2-8　$2\left(\cos\dfrac{2\pi}{3}+\text{jsin}\dfrac{2\pi}{3}\right)$，$2\text{e}^{\text{j}\frac{2\pi}{3}}$

2-9　（1）$z=4\left[\cos\left(-\dfrac{5}{6}\pi\right)+\text{jsin}\left(-\dfrac{5}{6}\pi\right)\right]$；$z=4\text{e}^{-\frac{5}{6}\pi\text{j}}$

　　　（2）$z=\cos\dfrac{3\pi}{10}+\text{jsin}\dfrac{3\pi}{10}$；$z=\text{e}^{\frac{3}{10}\pi\text{j}}$

2-10　$2\sin\dfrac{\alpha}{2}\left(\cos\dfrac{\pi-\alpha}{2}+\text{jsin}\dfrac{\pi-\alpha}{2}\right)$；$2\sin\dfrac{\alpha}{2}\text{e}^{\frac{\pi-\alpha}{2}\text{j}}$；$\arg z=\dfrac{\pi-\alpha}{2}$。

2-11　$-\text{j}$，$\dfrac{\sqrt{3}}{2}-\dfrac{1}{2}$j

2-12　$2^{\frac{n+2}{2}}\cos\dfrac{n\pi}{4}$

2-13　1

2-14　（1）$w_0=\sqrt[6]{2}\left[\cos\left(-\dfrac{\pi}{12}\right)+\text{jsin}\left(-\dfrac{\pi}{12}\right)\right]$；$w_1=\sqrt[6]{2}\left[\cos\dfrac{7\pi}{12}+\text{jsin}\dfrac{7\pi}{12}\right]$

　　　　$w_2=\sqrt[6]{2}\left[\cos\dfrac{5\pi}{4}+\text{jsin}\dfrac{5\pi}{4}\right]$

2-15 $z_0 = \frac{\sqrt{3}}{2} + \frac{1}{2}j, z_1 = j, z_2 = -\frac{\sqrt{3}}{2} + \frac{1}{2}j, z_3 = -\frac{\sqrt{3}}{2} - \frac{1}{2}j, z_4 = -j, z_5 = \frac{\sqrt{3}}{2} - \frac{1}{2}j$

2-17 (1)以原点为中心,4 为半径,在 u 轴上方的半圆周。

　　(2) z 平面上倾角 $\theta = \frac{\pi}{3}$ 的直线的映像为 w 平面上射线 $\phi = \frac{2\pi}{3}$。

第 3 章

3-2　$f(t) = 3\varepsilon(t-1) - 5\varepsilon(t-3) + 2\varepsilon(t-4)$

3-5　(1) 错; (2) 对; (3) 错; (4) 对。

3-6　$u(t) = -\frac{1}{4}e^{-4t} + \frac{1}{4} + t$

3-7　$u_C''(t) + \frac{R}{L}u_C'(t) + \frac{1}{LC}u_C(t) = \frac{1}{C}i_s'(t) + \frac{R}{LC}i_s(t)$

3-8　$u_C(t) = \cos 2t + \frac{1}{8}\sin 2t$; $i_L(t) = C\frac{du_C(t)}{dt} = -8\sin 2t + \cos 2t$

3-9　$y(t) = e^{-t}(\cos t + 3\sin t)\varepsilon(t)$

3-10　$v_2(t) = -\frac{6}{25}e^{-t} + \frac{9}{50}e^{-6t} + \frac{21}{50}\sin 2t + \frac{3}{50}\cos 2t \ (t \geqslant 0)$

3-11　$i_L(t) = [1 - (1 + 10^3 t)e^{-10^3 t}]\varepsilon(t) \text{A}$;

　　　$u_C(t) = L\frac{di_L(t)}{dt} = 10^6 t e^{-10^3 t}\varepsilon(t) \text{V}$;

　　　$i_C(t) = C\frac{du_C(t)}{dt} = (1 - 10^3 t)e^{-10^3 t}\varepsilon(t) \text{A}$

3-12　(1) 1; (2) $\frac{1}{2}$; (3) 0; (4) $\begin{cases} 0, & t_0 > 0 \\ 1, & t_0 < 0 \end{cases}$; (5) $1 - e^{j\omega t_0}$

3-14　$\frac{\sqrt{2}}{2}\delta'(t) + \frac{\sqrt{2}}{2}\delta(t) - \sin\left(t + \frac{\pi}{4}\right)u(t)$

第 4 章

4-1　(a) $f(t) = \frac{A}{2} + \frac{2A}{\pi}\left(\sin\omega_1 t + \frac{1}{3}\sin 3\omega_1 t + \cdots + \frac{1}{n}\sin n\omega_1 t\right)(n = 1, 3, 5, \cdots)$

　　(b) $a_0 = \frac{A}{2}$　$a_n = \frac{-4A}{n^2\pi^2}\sin^2\left(\frac{n\pi}{2}\right)$　$b_n = 0$

4-2　$F_n = \frac{A\tau}{T}\text{Sa}\left(\frac{n\omega_1\tau}{2}\right)$

4-3　$F(\omega) = \frac{2a}{a^2 + \omega^2}$

4-4　$F(\omega) = A\tau \text{Sa}^2\left(\frac{\omega\tau}{2}\right)$

4-5　$F(\omega) = \frac{2\pi}{T}\sum_{n=-\infty}^{\infty}\delta(\omega - n\omega_1)$

4-6 $F(\omega)=\dfrac{1}{T}\displaystyle\sum_{n=-\infty}^{\infty}\dfrac{1}{1+\mathrm{j}(\omega-n\omega_1)}$

4-7 $E\tau\cdot\mathrm{Sa}\left(\dfrac{\omega\tau}{2}\right)\left[1+2\cos(\omega T)\right]$

4-8 $F(\omega)=\dfrac{E\tau}{2}\left\{\mathrm{Sa}\left[(\omega+\omega_0)\dfrac{\tau}{2}\right]+\mathrm{Sa}\left[(\omega-\omega_0)\dfrac{\tau}{2}\right]\right\}$

4-10 $F(\omega)=\dfrac{2A}{(a-b)\omega^2}(\cos b\omega-\cos a\omega)$

4-11 $3\pi\delta(\omega)+\dfrac{1}{\mathrm{j}\omega}\mathrm{Sa}\left(\dfrac{\omega}{2}\right)\mathrm{e}^{-\mathrm{j}\frac{\omega}{2}}$

4-12 $\dfrac{13\mathrm{j}\omega+7}{-\mathrm{j}\omega^3-10\omega^2+8\mathrm{j}\omega+5}$

4-14 $(1)x(t)=\mathrm{e}^{-t}\varepsilon(t)$; $(2)\ x(t)=\dfrac{1}{2\pi}\displaystyle\int_{-\infty}^{+\infty}\dfrac{cH(\omega)}{a\mathrm{j}\omega+bF(\omega)}\mathrm{e}^{\mathrm{j}\omega t}\mathrm{d}\omega$

4-15 $R_1L_2=R_2L_1$

第 5 章

5-1 (1) $\dfrac{s^2+2s+10}{(s+3)(s^2+4)}$

(2) $\dfrac{s-1}{1+s^2}$

5-2 (a) $\dfrac{a}{s}+\dfrac{a}{Ts^2}\mathrm{e}^{-Ts}-\dfrac{a}{Ts^2}\mathrm{e}^{-2Ts}-2a\dfrac{1}{s}\mathrm{e}^{-3Ts}$

(b) $\dfrac{4}{T^2s^2}(1-2\mathrm{e}^{-\frac{T}{2}s}+\mathrm{e}^{-Ts})$

5-3 $\dfrac{1}{2s^2}(1-\mathrm{e}^{-2s})^2$

5-4 (1) 10; (2) 10

5-5 (1) 0; (2) $f(t)=t\mathrm{e}^{-2t}$, 0, 1

5-6 (1) $f(t)=(2-3\mathrm{e}^{-t}+\mathrm{e}^{-2t})\varepsilon(t)$

(2) $f(t)=2\delta(t)+2\mathrm{e}^{-t}-2\mathrm{e}^{-2t}$

(3) $f(t)=\mathrm{e}^{-t}-5\mathrm{e}^{-2t}+6\mathrm{e}^{-3t}$ $(t\geqslant0)$

(4) $f(t)=\varepsilon(t)-2\mathrm{e}^{-t}\varepsilon(t)+\mathrm{e}^{-2t}\left[3\cos2t+\sin2t\right]\varepsilon(t)$

(5) $f(t)=\dfrac{1}{2}t^2\mathrm{e}^{-t}-2t\mathrm{e}^{-t}+\mathrm{e}^{-t}$ $(t\geqslant0)$

(6) $f(t)=\dfrac{2}{5}\mathrm{e}^{-3t}+\dfrac{3}{5}\mathrm{e}^{2t}$

(7) $f(t)=\delta''(t)+\delta'(t)-\delta(t)+5$

(8) $f(t)=2\mathrm{e}^{-2t}\cos3t+\dfrac{1}{3}\mathrm{e}^{-2t}\sin3t$

5-7 $H(s)=\dfrac{1}{(s^2+3s+2)}$ $\quad h(t)=(\mathrm{e}^{-t}-\mathrm{e}^{-2t})\varepsilon(t)$

5-8 $H_1(s)=\dfrac{I_1(s)}{U_1(s)}=\dfrac{RCs+1}{LCRs^2+Ls+R}$ (输入导纳)

$H_2(s)=\dfrac{I_2(s)}{U_1(s)}=\dfrac{RCs}{LCRs^2+Ls+R}$ (转移导纳)

$H_3(s)=\dfrac{U_C(s)}{U_1(s)}=\dfrac{R}{LCRs^2+Ls+R}$ (转移电压比)

5-9 $H(s)=\dfrac{I_2(s)}{X(s)}=\dfrac{s^2+2s+1}{s^2+5s+2}$

5-10 $\left(1-\dfrac{1}{2}e^{-2t}\right)\varepsilon(t)$

5-11   极点：$p_1=p_2=-1$；$p_3=2j$；$p_4=-2j$；零点：$s_1=0$；$s_2=1+j$；$s_3=1-j$。

5-12   稳定

5-13 $(4.5e^{-t}-4e^{-2t}+0.5e^{-3t})\varepsilon(t)$

5-14 $(3e^{-t}+7e^{-2t}-7e^{-3t})\varepsilon(t)$

5-15 $x(t)=-t+te^t$；$y(t)=1-e^t+te^t$

5-16 $u_C(t)=te^{-t}+2e^{-t}$ $(t\geqslant 0)$

第6章

6-1   (a) $f(n)=\delta(n)+\delta(n-1)+2\delta(n-2)+2\delta(n-3)+\delta(n-4)$

(b) $f(n)=\varepsilon(n-2)-\varepsilon(n-6)$

6-3 $y(n)=\dfrac{\sqrt{5}}{5}\left(\dfrac{1+\sqrt{5}}{2}\right)^n-\dfrac{\sqrt{5}}{5}\left(\dfrac{1-\sqrt{5}}{2}\right)^n$ $(n\geqslant 0)$

6-4 $y(n)=2a\cdot a^n$ $(n\geqslant 0)$

6-5 $h(n)=\left(\dfrac{1}{2}(-2)^n-\dfrac{1}{2}(-4)^n\right)\varepsilon(n)$

6-6 $h(n)=3^{n+1}-2^{n+1}$ $(n\geqslant 0)$

6-7 $\dfrac{z\sin\Omega}{z^2-2z\cos\Omega+1},\dfrac{z^2-z\cos\Omega}{z^2-2z\cos\Omega+1}$

6-8 $n\varepsilon(n)$

6-9   (1) $\cos\left(\dfrac{n\pi}{2}\right)\varepsilon(n)$

(2) $(n+1)\varepsilon(n)$

(3) $\dfrac{1}{2}\delta(n)-(-1)^n\varepsilon(n)+1.5(-2)^n\varepsilon(n)$

6-10   (1) $f(n)=\left[4\left(-\dfrac{1}{2}\right)^n-3\left(-\dfrac{1}{4}\right)^n\right]\varepsilon(n)$

(2) $f(n)=\dfrac{1}{2}\left(-\dfrac{1}{2}\right)^n\varepsilon(n)-\left(-\dfrac{1}{2}\right)^{n-1}\varepsilon(n-1)$

(3) $f(n)=2(2^n-1)\varepsilon(n)$

(4) $f(n)=\left[\dfrac{8}{3}(0.2)^n+\dfrac{1}{3}(-0.4)^n\right]\varepsilon(n)$

6-11 $\dfrac{1}{a-b}(a^{n+1}-b^{n+1})+2b^{n+1}$ $(n \geqslant 0)$

6-12 $\delta(n)+5\delta(n-1)+(2 \cdot 3^n-2^{n-1})\varepsilon(n-2)$

6-13 $y(n)=[12.5+7(0.5)^n-10.5(0.2)^n]\varepsilon(n)$

6-14   稳定

6-15   稳定

参 考 文 献

[1] 胡寿松.自动控制原理[M].4版.北京:科学出版社,2001.

[2] 郑君礼,应启,杨为理.信号与系统[M].2版.北京:高等教育出版社,2000.

[3] 燕庆明.信号与系统教程[M].2版.北京:高等教育出版社,2007.

[4] 许贤良,王传礼.控制工程基础[M].北京:国防工业出版社,2008.

[5] 胡广书.数字信号处理[M].2版.北京:清华大学出版社,2003.

[6] 张元林.积分变换[M].4版.北京:高等教育出版社,2003.

[7] 西安交通大学高等数学教研室.复变函数[M].4版.北京:高等教育出版社,1996.

[8] BOGGESS A,等.小波与傅里叶分析基础[M].芮国胜,康健,等译.北京:电子工业出版社,2005.

[9] OPPENHEIM A V,等.信号与系统[M].刘树棠,译.西安:西安交通大学出版社,1998.

[10] 夏德钤.自动控制原理[M].北京:机械工业出版社,2002.

[11] 吴大正.信号与线性系统分析[M].3版.北京:高等教育出版社,1998.

[12] 芮坤生,等.信号分析与处理[M].2版.北京:高等教育出版社,2003.

[13] 张延华.数字信号处理——基础与应用[M].北京:机械工业出版社,2005.

[14] 燕庆明,于凤琴,周冶平.信号与系统教程(第二版)学习指导[M].北京:高等教育出版社,2007.

[15] 吴麒.自动控制原理[M].北京:清华大学出版社,1992.

[16] 李瀚荪.电路分析基础[M].3版.北京:高等教育出版社,1993.

图书资源支持

感谢您一直以来对清华版图书的支持和爱护。为了配合本书的使用，本书提供配套的资源，有需求的读者请扫描下方的"书圈"微信公众号二维码，在图书专区下载，也可以拨打电话或发送电子邮件咨询。

如果您在使用本书的过程中遇到了什么问题，或者有相关图书出版计划，也请您发邮件告诉我们，以便我们更好地为您服务。

我们的联系方式：

地　　址：北京市海淀区双清路学研大厦 A 座 714

邮　　编：100084

电　　话：010-83470236　　010-83470237

客服邮箱：2301891038@qq.com

QQ：2301891038（请写明您的单位和姓名）

资源下载：关注公众号"书圈"下载配套资源。

资源下载、样书申请
书圈

获取最新书目

观看课程直播